養殖史話

古代畜牧與古代漁業

張學文 編著

崧燁文化

目錄

捕魚為業 古代漁業

序言 養殖史話

文化是民族的血脈，是人民的精神家園。

文化是立國之根，最終體現在文化的發展繁榮。博大精深的中華優秀傳統文化是我們在世界文化激盪中站穩腳跟的根基。中華文化源遠流長，積澱著中華民族最深層的精神追求，代表著中華民族獨特的精神標識，為中華民族生生不息、發展壯大提供了豐厚滋養。我們要認識中華文化的獨特創造、價值理念、鮮明特色，增強文化自信和價值自信。

面對世界各國形形色色的文化現象，面對各種眼花繚亂的現代傳媒，要堅持文化自信，古為今用、洋為中用、推陳出新，有鑑別地加以對待，有揚棄地予以繼承，傳承和昇華中華優秀傳統文化，增強國家文化軟實力。

浩浩歷史長河，熊熊文明薪火，中華文化源遠流長，滾滾黃河、滔滔長江，是最直接源頭，這兩大文化浪濤經過千百年沖刷洗禮和不斷交流、融合以及沉澱，最終形成了求同存異、兼收並蓄的輝煌燦爛的中華文明，也是世界上唯一綿延不絕而從沒中斷的古老文化，並始終充滿了生機與活力。

中華文化曾是東方文化搖籃，也是推動世界文明不斷前行的動力之一。早在五百年前，中華文化的四大發明催生了歐洲文藝復興運動和地理大發現。中國四大發明先後傳到西方，對於促進西方工業社會發展和形成，曾造成了重要作用。

中華文化的力量，已經深深熔鑄到我們的生命力、創造力和凝聚力中，是我們民族的基因。中華民族的精神，也已

養殖史話：古代畜牧與古代漁業

序言 養殖史話

深深植根於綿延數千年的優秀文化傳統之中，是我們的精神家園。

總之，中華文化博大精深，是中華各族人民五千年來創造、傳承下來的物質文明和精神文明的總和，其內容包羅萬象，浩若星漢，具有很強文化縱深，蘊含豐富寶藏。我們要實現中華文化偉大復興，首先要站在傳統文化前沿，薪火相傳，一脈相承，弘揚和發展五千年來優秀的、光明的、先進的、科學的、文明的和自豪的文化現象，融合古今中外一切文化精華，構建具有中華文化特色的現代民族文化，向世界和未來展示中華民族的文化力量、文化價值、文化形態與文化風采。

為此，在有關專家指導下，我們收集整理了大量古今資料和最新研究成果，特別編撰了本套大型書系。主要包括獨具特色的語言文字、浩如煙海的文化典籍、名揚世界的科技工藝、異彩紛呈的文學藝術、充滿智慧的中國哲學、完備而深刻的倫理道德、古風古韻的建築遺存、深具內涵的自然名勝、悠久傳承的歷史文明，還有各具特色又相互交融的地域文化和民族文化等，充分顯示了中華民族厚重文化底蘊和強大民族凝聚力，具有極強系統性、廣博性和規模性。

本套書系的特點是全景展現，縱橫捭闔，內容採取講故事的方式進行敘述，語言通俗，明白曉暢，圖文並茂，形象直觀，古風古韻，格調高雅，具有很強的可讀性、欣賞性、知識性和延伸性，能夠讓廣大讀者全面觸摸和感受中華文化的豐富內涵。

肖東發

馴養之路 古代畜牧

中國的畜牧業，始於舊石器時期原始人類的狩獵，後來經過人們對所捕野獸的馴化，到先秦時期已出現了飼養家畜的牧場。從這時起，畜牧業作為一個新的行業步入歷史舞台。

在中國畜牧業的長期發展的過程中，古人在實踐的基礎上，選育出了馬、牛、羊、豬等大型家畜及雞、鴨、鵝等小型家禽。

與此同時，古人還積累了飼養這些動物的豐富的選種、飼養、管理技術。這一套完整的家畜家禽馴化飼養技術，成為了中華文明的重要組成部分。

▋遠古時期畜牧業的產生

■原始遊牧部落

畜牧業的起源是人類歷史上的一件大事，它是人類社會發展到一定階段的必然產物。考古發現，自舊石器時期的元謀人開始，包括以後的藍田人、北京人，他們已經發明了工具用於狩獵，這便為畜牧業的起源打下了基礎。

家畜的馴化和飼養開始於一萬年前左右。畜牧業的起源是有其內在原因的，而舊石器時期的華夏大地，就具備了產生畜牧馴養的內在原因和外在條件。

根據某一事物的產生應有內因和外因同時作用的一般規律，可以將畜牧業產生的原因，分解為內因和外因兩個方面。其中的內因，分解為來自於人類方面的內因和來自於動物方面的內因。

來自於人類方面的內因在於，人類狩獵能力和手段的增強，是馴化動物的重要條件。在舊石器時期，人們的狩獵能

力已經大幅度地提高了，具備了捕獲大多數草食和雜食野生動物的能力。

在距今兩三萬年前的高級類人猿生活時期，由於氣候等方面的原因，不得不從森林走向平地，學會了製造工具，勞動，逐漸直立行走，成為今天的人類的祖先。當時的人類，由於生活的需要，便努力獲得更為有效的求生本能。

在陝西藍田，發現生活在距今近百萬年前的藍田人，已經能夠製造石器，不過其石器非常簡陋，有砍砸器、刮削器、大尖狀器、手斧和石球等。

這些工具就有被用於狩獵的，鳥類、蛙類、蜥蜴、老鼠常常成為人類的食物，鹿、野豬、羚羊和野馬等，也不時成為狩獵的對象。

到了距今六十萬年前山西芮城匼河遺址，除發現了砍砸器、刮削器、三棱大尖狀器外，還有小尖狀器和石球等。

在中國西南部的貴州，舊石器時期的早期遺址有黔西的觀音洞，在出土的三千多件的石製品中，多數為刮削器，也有少量的砍砸和尖狀器，該遺址的早期較北京人時代為早。

到了距今天更近一些的周口店北京猿人時期，主要生活在洞穴之中，出土的工具有砍砸器、各式刮削器、小尖狀器和石錘、石鑽等，獵取大型野獸是北京猿人的經常性活動。

在其遺址中有李氏野豬、北京斑鹿、腫骨鹿、德氏水牛、梅氏犀、三門馬、狼、棕熊、黑熊、中國鬣狗等，當時北京猿人狩獵的工具主要是木矛，是由木棒加工而成的。

養殖史話：古代畜牧與古代漁業

馴養之路 古代畜牧

　　在北京猿人居住的岩洞中，上部、中部和下部的地層中，均發現了用火的遺蹟，說明北京猿人已經學會了使用火了。

　　火的發明是人類歷史上的一大進步，意義重大。它不僅為人類的定居創造了條件，使狩獵的進一步發展成為可能，還可以借助於用火取暖，開拓生存空間，使人類進入較為寒冷地區生活。此外，用火熟食，對人類的智力發育也有積極作用。

　　到了舊石器時期的中期和晚期，人類狩獵技術又有了較大的進步，其主要表現是石球的使用和弓箭的發明。

　　石球最早見於陝西藍田人遺址中，學者們都傾向於是被用於狩獵活動。隨後的許家窯文化遺址、陝西梁山舊石器時期遺址、山西的丁村遺址中，都發現了大批量的石球。據研究，早期的狩獵民在使用石球時，常常直接用石球砸向動物。

　　弓箭的發明代表著人類的狩獵能力大提高，陝西的沙苑遺址、東北的扎賚諾爾遺址、山西的峙峪遺址都分別出土了石箭頭，其中峙峪遺址出土的石箭頭被核定為距今二萬八千年前。弓箭的發明和利用，可以遠距離地獵獲動物。

　　石球和弓箭的發明和運用，均可以遠距離地對動物實施攻擊，說明當時的人類已經具備了有效進行遠距離獵狩大型野生動物的能力。

　　既然人類能獵獲較大型兇猛的動物，當然就有能力捕獲一些性情比較溫順的動物或其年幼的個體，如草食動物的馬、牛、羊、驢，雜食動物的豬和狗等。

隨著狩獵能力的逐漸提高，獵到的野獸有時一時吃不完，就拘繫著它們以待沒有食物時再食用。透過拘繫的辦法進行貯藏，人類便在與大自然的生存爭鬥中邁開了一大步，大大加強了人類對動物特徵和特性的瞭解。

　　遠古畜牧業的產生，除了來自人類自身的原因外，還有來自於動物方面的內因。主要表現是野生動物作為地球生物圈中的一員，客觀地具備了與人類友好相處的條件。

　　在極其遙遠的舊石器時期，人類要想把生活在大自然中的野生動物馴化為我所用的家畜，必須要借助於動物的天性。假如野獸堅絕不予合作，或其獸性難以改變，人類也沒有什麼辦法。

　　能夠成為家畜和家禽的動物，必須具備能被人類控制的習性。肉食動物中的老虎、豹等，人類一直試圖馴化它，直到今天仍未獲成功。這類動物的天性難以改變，捕獲以後，只能關在鐵籠中，人類不可能安全地與其直接接觸。

　　而有些動物透過人類稍微地實施馴化，可能就會變成家畜，如野豬、野馬和野羊等。這也是早期相互隔絕的不同地區，均不約而同地馴化了相同的野生動物的主要原因。

　　動物被人類馴化的另一個原因，是因為動物與人類有著非常密切的生態關係。在一定的生態條件下，地球上的各種生物之間有一條食物生態鏈連接著。

　　食物生態鏈是指生物群落中各種動物和植物由於食物的關係所形成的一種聯繫。在生物群體中，許多類似的食物鏈

養殖史話：古代畜牧與古代漁業
馴養之路 古代畜牧

彼此交錯構成關係複雜的食物網路，人類也被納入這種食物網路中，與各種動物結下不解之緣。

現在人類飼養的家畜和家禽，都與人類的食物鏈有著一定的關係。比如，人遺棄的食物為豬、狗、雞等家畜所喜食，而豬、狗、雞的產品肉蛋等為人類所喜食。

這種因各自的偏好而構成的食物鏈關係，導致人類和動物相互追逐對方的足跡，始終保持著若即若離的狀態，為人類日後馴化動物提供了便利。

在人類和動物的漫長的交往過程中，當人類需要與動物建立良好關係的時候，往往是人類需要動物的時候。人類給動物以額外的保護，成為其供食者和保護者。

經過長期的人與動物的友好交往過程，動物便習慣人類所提供的相對舒適、現成的生活環境，而淡忘野外的相對惡劣的生活環境，久而久之，人與動物的這種新型關係便建立起來了。

一方面，人是動物的保護者和部分食物的提供者；另一方面，動物是人類的活的食物庫，隨時都有可能被宰殺而作為食物，相互之間的依賴顯得缺一不可，動物進入人類生活世界之中便是必然的事情了。

到了新石器時期，中國傳統的「六畜」豬、狗、牛、羊、雞、馬已基本齊備。當時的家畜的體質形態基本與現代家畜相同。

閱讀連結

據說，一次，神農氏和大家一起圍獵，來到一片林地。林地裡，兇猛的野豬正在拱土，長長的嘴巴伸進泥土，一撅一撅地把土拱起。一路拱過，留下一片被翻過的鬆土。

野豬拱土的情形給神農氏留下了深刻印象，他反覆思索，先將打獵用的尖木棒插在地上，再用腳踩在橫木上加力，讓木尖插入泥土，然後將木柄往後扳，尖木隨之將土塊撬起。這樣連續操作，便耕翻出一片鬆軟的土地。

人們從動物的身上得到了許多的啟發，使得在以後的歲月裡人與動物的關係越來越和諧。

先秦畜牧業發展新階段

■先秦牧馬俑

養殖史話：古代畜牧與古代漁業
馴養之路 古代畜牧

在原始社會時期，隨著社會生產力的提高，洞養圈養的野獸也越來越多，隨著歲月的流逝，部分野獸的性情開始漸漸溫順起來，進而馴化為家畜，這樣就開始了初期的畜牧業。

隨著時間的推移，到了先秦時期，中國已經出現了較大規模的畜牧場所，畜牧工具與畜牧技術也有了很大發展。為了養好家畜，當時在管理畜群、修棚蓋圈、減少家畜傷亡等方面也有不少創造。

中國古代畜牧業的發展，到奴隸社會開始的夏代，農業、畜牧業和手工業的分工進一步明顯，而以農業為主的定居生活，促進了畜牧業的發展。此時，中國畜牧業和家畜利用進入了一個新的發展階段。

夏代，由於青銅工具的使用，使農牧業有很大的發展，專職人員的放牧，飼養中圈養的發展，飼草的製備貯存，使畜群不斷增長。

商代的畜牧業也繼續發展，「六畜」已普遍飼養。在殷墟甲骨文中，有芻、牧、牢、廄、庠等反映畜養方式的文字，有反映馬、豬去勢的文字，也有一次祭祀用牛三百頭、馬三百匹以至牛千匹的卜辭。

這些文字形象地反映了殷商時期畜牧業的發展狀況。這一時期黃河流域有野象，有研究表明，商代人曾經馴象。

夏商時期，定期配種和淘劣選優的配種制度使畜群的品質不斷提高。在中國現存最早的一部漢族農事曆書《夏小正》中，已有關於牲畜的配種、草場分配和公畜去勢的記載。去勢就是閹割，用於養殖業中以提高存活率和質量。

經過不斷的選育和改良，家畜的繁育技術日臻完善和進步，在此基礎上育成了無數的家畜家禽品種。其中不僅有伴隨中國歷史上偉人拚殺疆場的名駒名馬，還有無數造福芸芸眾生的珍禽良畜。

西周的畜牧業也很發達，約成書於戰國時期的《穆天子傳》中，記述周穆王到西北地區遊歷，沿途部落貢獻的肉食——動物馬、牛、羊，動輒以千百計，反映了當地畜牧業的發達。

《詩經》中也反映了西周畜牧業的情況。《詩經·君子於役》說：「雞棲於塒，羊牛下來。」意思是說，黃昏時分，雞已經在窩裡棲息了，羊牛已經走下山坡歸欄了。反映了農村中飼養畜禽的普遍。

《詩經無羊》說：「誰謂爾無羊？三百維群。」意思是說，誰說你沒有羊呢？你的羊一群就有三百多頭。反映了貴族畜群的龐大。

當時地廣人稀，原野不能盡闢，農田一般分佈在都邑的近郊，郊外則闢為牧場。據《詩經·爾雅·釋地》記載：

邑外謂之郊，郊外謂之牧，牧外謂之野。

意思是說，在城市或城鎮的周圍叫郊區，那裡是人們耕種的地方；郊的外圍叫牧，是放牧的地方；牧的外圍叫野，是野獸出沒的地方。由此可見，當時確實已經劃出了放牧牛羊和馬的各類牧場。

養殖史話：古代畜牧與古代漁業

馴養之路 古代畜牧

　　《周禮》中也記載了西周管理畜牧生產的專門機構，在一定程度上反映了西周畜牧業的發展。以養馬為主的官營畜牧業也在《周禮》中有集中的反映。

　　《周禮》中記載了一整套的朝廷設置的畜牧業職官和有關制度。「牧人」、「校人」、「牧師」、「圉師」、「趣馬」、「巫馬」等，分別負責馬的放牧、繁育、飼養、調教、乘御、保健等。如此細緻而明確的專業分工，表明在當時的畜牧業已經發展到相當高的水平。

　　當時從事放牧的奴隸稱「圉人」、「牛牧」，奴隸頭目稱「牧正」，有的牧正後來成了奴隸主的僕從，到封建社會時代還有升到九卿爵位的。

　　根據《禮記》的記載，夏商周三代對駕車用的軍馬和祭祀的犧牲已講究毛色的選擇。為了養好家畜，當時在管理畜群、修棚蓋圈、減少家畜傷亡等方面，確實有不少創造。

　　春秋戰國時期的畜牧業相當發達，牛馬主要作為農耕和交通的動力，家畜已成為民間重要的食物來源。如管仲在《孟子》中就說過：

　　五母雞，二母彘，無失其時，老者足以無失肉矣。

　　意思是說，養五隻母雞，兩頭母豬，不耽誤餵養時機，老人就可以吃上肉了。

　　越國的范蠡曾對魯國商人猗頓說：「子欲速富，當畜五牸。」意思是說，要想富裕，就要經營雌性牛、馬、豬、羊、驢。說明畜養母馬、牛、羊、豬和驢，已成為當時致富快捷方式。

這一時期，華夏大地已經形成了農區、牧區和半農半牧區。西北和塞北是牧區，以草食動物馬牛羊為主；中原為農區，養畜業亦受重視。家畜成為了社會財富的代表。《管子》一書中還把畜牧生產發達與否作為判斷一個國家貧富的標誌。

總之，先秦時期的畜牧業已經有了飛速的發展，畜牧業在生產中已占有重要的地位，較遠古時期大為進步和提高。

閱讀連結

猗頓原是魯國一個窮困潦倒的年輕人，他聽說越王勾踐的謀臣范蠡在十幾年間就獲金巨萬，成為大富，自號「陶朱公」。猗頓羨慕不已，試著前去請教。

范蠡十分同情他，便告訴他飼養雌性牲畜，以便繁衍，日久遂可致富。

猗頓按照范蠡的指示，遷徙西河，開始畜牧牛羊。當時這一帶土壤濕潤，草原廣闊，水草豐美，是畜牧的理想場所。

由於猗頓辛勤經營，畜牧規模日漸擴大，十年之間，能以畜牧而富敵王公。並以此起家，成為了日後的大商人。

▎秦漢畜牧業的迅速發展

■漢代的陶狗

　　秦漢時期的畜牧業，在當時的社會經濟中占有重要的地位。畜牧生產的經營管理體制漸趨完備，畜牧生產在國民經濟中的地位日益提高，充分體現了畜牧生產的重要性。

　　這一時期的畜牧業得到了迅速發展，牧場及群牧規模大大增加，畜牧業經營組織具有該時代特色。

　　同時，中央還制定了有關牲畜飼養、管理和使用的法律《廄律》，這是中國畜牧業發展歷史上的一個巨大進步。

　　秦漢時期，由於社會經濟、政治等諸方面的因素的積極影響，畜牧業得以迅速發展。

　　秦漢畜牧業之所以發展迅速，首先是因為，大力發展畜牧業，是農業生產發展的客觀需要。秦漢時期牛耕進一步推廣以後，牛成為農業生產中必不可少的生產資料。由於當時農業生產的需要，發展畜牧業勢在必行，以提供更多的耕牛。

其次，發展畜牧業又同鞏固邊防密切相關。秦漢時期，北方及西方遊牧民族侵擾嚴重，為保衛邊郡地區的社會生產和國家的安定統一，需要強大的騎兵，這就成為官營養馬業發展的重要因素。

再次，為了保證畜牧業的發展，秦漢王朝制定了一系列方針、政策和具體措施，畜政管理，發展官營畜牧業，鼓勵和扶植私人畜牧業生產，積極實行保護牲畜的措施等。上述各項政策和措施，在秦漢畜牧業生產的發展中，都起過積極的作用。

更為重要的是，秦漢時期統一的多民族國家的建立和鞏固，為秦漢畜牧業的發展提供了可靠保證。統一國家建立以後，社會環境較安定，邊郡畜牧業資源得以集中開發與合理利用。

在統一的環境下與少數民族的交往，使一些新畜種、新飼料品種及某些先進的畜牧業生產技術傳入中原，這些作用都不可忽視。

秦漢時期的畜牧業發展很迅速，其表現首先是生產地區十分廣泛。秦漢王朝十分重視對西部、北部邊郡地區的開發利用，廣建官營牧場。

西漢初年，朝廷有六個大馬苑，養馬三十萬匹，阡陌之間馬匹成群。當時也有許多著名的大牧主依靠官營牧場發展畜牧業。

邊疆地區畜牧業尤為發達。據西漢史學家司馬遷《史記》記載，秦國的烏氏所養牛馬之多，要用山谷來計數，秦始皇

養殖史話：古代畜牧與古代漁業

馴養之路 古代畜牧

因此獎他為封君。秦時凡是牧馬超過兩百匹，養牛、羊或豬多達一千的畜牧大戶，可以享受千戶侯待遇。可見，秦漢時期的牧場是非常發達的。

秦時已建立太僕寺掌管國馬，在西北邊郡還設立官營牧場牧師苑，養馬幾十萬匹。

中國古代的經濟區劃大致可分為牧業區、農業區和半農半牧區。半農半牧區主要分佈在西北邊疆一帶，具有發展畜牧業和農業的良好條件。

秦漢王朝對該地區的發展極為重視。其畜牧業的發展在秦漢時期占有極重要的地位，這一地區的存在是當時畜牧業發達的重要基礎和標誌。

內地雖不宜發展大規模群牧式畜牧業，但官民都普遍採用了廄舍飼養和小群牧養的方式，牲畜的總頭數也很可觀。

這一時期對不同牲畜的經濟作用也有了足夠的認識，重視馬、牛在軍事、農耕、交通方面的作用，因此，養馬業、養牛業的發展很突出。

新畜種亦不斷引進，如原產於匈奴地區的騾、驢在東漢已為常見之役畜。作為肉畜的雞、豬，生產地區廣泛，但由於每個生產單位的規模很小，所能提供的肉畜數量是有限的。乳畜在中原地區亦有了一定程度的發展。

為了豐富家畜種類和改良家畜質量，漢代已注意從西域引入驢、騾、駱駝以及馬、牛、羊良種。漢武帝派張騫聯絡大月氏，獲悉西域產良馬，並帶回西域苜蓿種子在長安地區

試種。後來漢武帝派李廣利帶兵前去大苑，帶回公馬和母馬一共三千匹。

這一時期在畜牧業生產技術方面有了新的發展，主要表現在家畜優良品種的培育、飼養管理技術的進步、獸醫及相畜術的先進等方面。

秦漢時期畜牧業的經營組織，包括邊郡大牧主經營，豪強地主的田莊經營，一般農家經營，官府經營等不同類型。大牧主經營主要集中在邊郡。生產規模較大，生產的專業性較強，產品的商品率高。

豪強地主經營的畜牧業是田莊經濟的組成部分，具有明顯的自給自足特徵。隨著封建土地所有制的發展，豪強地主經營的畜牧業發展很快。

一般農家經營的畜牧業，大牲畜較少，其目的主要是作為一種家庭副業，為種植業的收入略作補充。

漢代有個養殖能手卜式，以養羊致富。漢武帝時鼓勵農民養馬，曾經任用善於養羊的卜式發展養羊業。另外還有馬氏兄弟五人，都是養豬能手；梁鴻、孫期等曾在渤海郡養豬，以及祝雞翁的養雞，都是當時有名的畜牧事例。

官府經營牧場也很多。秦漢之間連年戰爭，畜牧業遭到破壞，役畜損失很多。西漢初期採取休養生息的方針。在發展養馬方面，官府充實馬政機構，大辦軍馬場。

秦漢時期，朝廷對畜牧業加強了管理，制定了相關的管理辦法。其中影響最大的是制定了《廄律》，它是中國古代有關牲畜飼養的法律。

養殖史話：古代畜牧與古代漁業

馴養之路 古代畜牧

在古代，牲畜既是重要的生產資料，又是重要的戰爭工具和祭祀用品，朝廷對牲畜的飼養、管理和使用非常重視。

類似法規在先秦時期就已經出現了。在陝西岐山縣出土的西周青銅器銘文中就有「牧牛」一職，說明《周禮》有關西周已設職掌管廄牧的記載是可信的。

秦朝廷制定畜牧法規《廄苑律》及其他有關條款規定。秦朝廷分管廄牧事務的是內史、太僕和太倉等官。在地方由縣令、丞以及都官管理，令、丞和都官以下，有田嗇夫、廄嗇夫、皂嗇夫、佐、史、牛長、田典、皂和徒等負責畜牧方面的具體工作。

關於牛馬的飼養，秦代有定期檢查評比制度，每年正月舉行考核，成績優秀者獎勵，不按時參加評比或在評比中列為下等的，飼養者和管理者要受懲罰。

秦代條律還規定，官有的牛馬死亡，應及時呈報所在的縣府，由所在縣檢驗後將死牛馬上繳。如不及時上繳，致使牛馬腐爛，應按未腐爛時的價格賠償。如果是朝廷廄馬或駕用牛馬，應將其筋、皮、角和肉的價錢呈繳，所賣的錢少於規定數目，駕用牛馬者應予補足。

朝廷每年對各縣、各都官的官有駕車用的牛檢查一次，凡有十頭以上牛而一年死三分之一，不滿十頭牛一年死三頭以上，主管的史和飼牛的徒以及所屬縣的令、丞都有罪。

此外，秦律還規定馬匹調習不善，軍馬評比列為下等的，要懲罰縣司馬及令、丞。秦代的《法律答問》還有一些懲罰

偷盜馬、牛、豬、羊的規定，對牲畜所有權進一步進行了保護性規定。

漢代也有《廄律》，西漢丞相蕭何制定的《九章律》，將秦代《廄律》列為其中一篇。《九章律》已經失傳，但從《漢書·刑法志》中關於《九章律》的記載來看，可知漢代《廄律》的內容與秦《廄律》相差不多。

西漢時，牛耕在黃河流域已較普遍。東漢時，農牧結合經營區逐漸向江南推廣，並且更加重視飼養和保護耕牛，將秦律「殺牛者枷」改為「殺牛者棄市」。同時，漢史中已有了牛疫的記載。

漢武帝為適應對匈奴用兵的需要，鼓勵馬匹繁殖，還制定了《馬復令》，規定民養馬可以減免徭役和賦稅。此外，漢律以重刑懲治盜竊牛馬的犯罪，規定「盜馬者死，盜牛者枷」，知情不舉發也要受懲治。

漢代不少地方官員勸說所屬百姓飼養家畜，增加生產。當時養豬、養羊、養雞很普遍，既可以解決肉食和肥料，又增加了經濟收入。

閱讀連結

自漢代以來，西域汗血馬的神話一直在流傳著。傳說它前脖流出的汗呈血色，史載「日行千里」，又名「大宛馬」、「天馬」。

為了得到汗血馬，漢武帝曾派百餘人的使團，帶著用黃金做的馬模型前去大宛國，希望以重禮換回大宛馬。大宛國

王愛馬心更切，不肯以大宛馬換漢朝的金馬。漢武帝又命貳師將軍李廣利和兩名相馬專家前去大宛國。

漢軍在大宛國選良馬數十匹，中等以下公母馬三千匹。經過長途跋涉，到達玉門關時僅餘汗血馬近兩千匹。

魏晉南北朝畜牧業成就

魏晉南北朝時期，遊牧民族大量內遷，使中原地區的畜牧業有了很大發展。在廣闊的內地牧場，馬、牛、羊不計其數，畜牧業的發展達到了一個歷史高峰。

這一時期，北魏農學家賈思勰所著的《齊民要術》對家畜、家禽的選種，繁育飼養方法、管理細則、疫病防治、畜產品加工，都有較詳細的論述。對後世的畜牧生產也有很大影響。

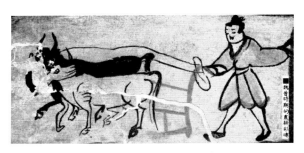
■魏晉時期的農耕彩磚

漢代末年至隋初的三百多年間，許多遊牧民族移居黃河中下游，使北方的畜牧生產有進一步發展。

三國時期，匈奴已進入華北，曹魏模仿漢代的五屬國，將進入山西的匈奴分為五部進行管理。十六國時期，「五胡」大舉進入內地建立起自己的政權。

　　「淝水之戰」後，鮮卑拓跋氏崛起於山西北部及河北西北部一帶，西元四三九年統一北方，其後孝文帝遷都洛陽，更多的鮮卑人來到中原腹地，這是漢唐時期規模最大的一次遊牧民族內徙。一批又一批的內遷民族帶來了一批又一批牲畜。

　　此外，北魏一百五十年間不斷地征討北方草原上的匈奴、高車、柔然諸部，獲得的牲畜也極為可觀。據《魏書》的本紀及高車、西域等傳，獲取百萬頭匹以上的行動就有六次。如西元三九一年破匈奴劉衛辰部時，得「名馬三十餘萬匹，牛羊四百餘萬頭」。

　　北魏曾將水草豐盛的河西地區闢為牧地，後來又在洛陽附近置河陽牧場。每年從河西經並州，把牲畜徙牧至河陽牧場。

　　北魏本來就是遊牧民族，在歷次戰爭中又有數以千萬計的俘獲，故其畜牧業已超過漢唐兩代，北方農業區的畜牧成分也於此時臻於極盛。

　　魏晉南北朝時期，民間畜牧業的發展亦達到頂峰。《魏書·爾朱榮傳》言爾朱榮在秀容的牛羊駝馬以色別為群，以山谷統計數量。由此反映的是民間馬匹之多。

馴養之路 古代畜牧

牛在普通百姓中可能比馬更普遍，以至於朝廷經常下令作為賦役征發。這顯然是在耕牛比較普遍的基礎上制定的政策。

羊的飼養量也在增長，北魏農學家賈思勰在《齊民要術·養羊》篇談種植餵牲口的飼草青茭時，常常以羊一千隻的需求量為例，來講述如何種植，這個數字在當時具有一定的普遍性。

西晉畜牧業也有發展。為了發展農耕，西晉朝廷大辦養牛場。據《晉書·食貨志》記載，官辦牛場養的種牛就有四萬五千多頭，有的地方官吏也動員農民聚錢買牛，鼓勵養母牛、母馬，還有豬、雞等。畜牧生產在這一時期得到了發展。

東晉前後，十六國中有的國家以及從北魏開始的北朝五國，其君主是匈奴族、鮮卑族、氐族、羌族等少數民族，他們都重視畜牧業，畜牧生產在這些國家都有不同程度的發展。

在十六國和北朝史書中，有食用乳和乳製品的記載。北魏和北齊的太僕寺內設有駝牛署和牛羊署，北魏在西北養馬兩百多萬匹，駱駝約百萬頭，牛羊更是無數。

魏晉南北朝時期，在畜牧方面的最大成就，便是《齊民要術》的誕生。《齊民要術》書名中的「齊民」，指平民百姓；「要術」指謀生方法。

《齊民要術》是北魏時期的中國傑出農學家賈思勰所著的一部綜合性農書，大約成書於北魏末年，系統地總結了中國六世紀以前黃河中下游地區農牧業生產經驗、食品的加工

與貯藏、野生植物的利用等。此書是世界農學史上最早的專著之一，是中國現存最完整的農書。

《齊民要術》的作者賈思勰是今山東益都人。出生在一個世代務農的書香門第。他從小就有機會博覽群書，從中汲取各方面的知識，為他以後編撰《齊民要術》打下了基礎。

賈思勰在成年以後，開始走上仕途，曾經做過高陽郡太守等官職，高陽郡就是現在的山東臨淄。並因此到過山東、河北、河南等許多地方。

每到一地，他都非常重視農業生產，認真考察和研究當地的農業生產技術，向一些具有豐富經驗的老農請教，獲得了不少農業方面的生產知識。

賈思勰中年以後又回到自己的故鄉，開始經營農牧業，親自參加農業生產勞動和放牧活動，對農業生產有了親身體驗，掌握了多種農業生產技術。

他將積累的許多古書上的農業技術資料、詢問老農穫得的豐富經驗，以及他自己的親身實踐，加以分析、整理、總結，寫成農業科學技術巨著《齊民要術》。

在《齊民要術》中，賈思勰用六篇文章分別敘述養牛馬驢騾、養羊、養豬、養雞、養鵝鴨、養魚，詳細記述了家畜飼養的經驗，特別是吸收了少數民族的畜牧經驗，對家畜的品種鑑別、飼養管理、繁殖仔畜到家畜疾病防治，均有記錄。

《齊民要術》對家畜的鑑別，書中從眼睛、嘴部、眼骨、耳朵、鼻子、脊背、腹部、前腿、膝蓋、骨形等方面制定了

養殖史話：古代畜牧與古代漁業

馴養之路 古代畜牧

標準。對於家畜的飼養，書中提到了家畜的居住環境、備糧越冬、幼仔飼養、群養與分養、防止野獸侵害等內容。

《齊民要術》指出，養羊必須貯存乾草，經常檢查有病無病，用隔離和淘汰病弱畜隻的辦法，改進畜群素質，並提出一些簡便可行的治療方法。

對於繁殖仔畜，書仲介紹了選取良種、家畜的雌雄比例、繁育數量、動物雜交、無性繁殖等內容，對於優化物種、提高生產力有很大的幫助，而且對中國的生物學發展和研究做出了一定的貢獻。

在家畜疾病防治方面，《齊民要術》還蒐集記載了四十八例獸醫處方，涉及外科、內科、傳染病、寄生蟲病等方面，提出了對病畜要及早發現、預防隔離、注意衛生、積極治療等主張。

《齊民要術》中有的獸醫處方具有很高的應用價值。例如書仲介紹的直腸掏結術和疥癬病的治療方法，在後來被廣泛運用於獸醫領域。這些都是中國古代畜牧科學的寶貴遺產。

閱讀連結

賈思勰為了瞭解畜牧業的生產知識，他開始養羊。剛開始由於缺乏經驗，羊死了許多。後來他打聽到百里之外有一位養羊高手，就立即趕到那裡向老羊倌求教。

賈思勰一到老羊倌家，便拜老人家為師，誠懇地請老人家指教。老羊倌被他的誠意所感動，就把羊的選種、飼料的選擇和配備、羊圈的清潔衛生及管理方法等詳細地講給他聽。

賈思勰回去後，按照老羊倌的指點，把羊養得膘肥體壯。人們信服地稱他為「養羊能手」，前來向他求教的人絡繹不絕。

▌隋唐至明清期間的畜牧業

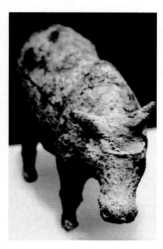

■唐代的鐵牛

隋唐至明清一千三百餘年的歷史，是一部治亂興衰的歷史。在這一漫長的歷史時期，畜牧業也經歷了一個波浪式的發展過程，出現了幾次發展高峰。

隋唐時期是中國封建社會的鼎盛期，中國的畜牧業取得了跨越式的發展。

宋元明清時期，畜牧業在牧場規模、畜口存欄量，以及相關法規等各個方面都有一定的進步。

養殖史話：古代畜牧與古代漁業

馴養之路 古代畜牧

　　隋唐五代時期，農業科學技術取得了長足的發展，為畜牧業生產的全面發展奠定了基礎。

　　隋結束戰亂紛擾的局面後，畜牧業曾經盛極一時，既存在著一批官牧監，民間畜牧風氣也很濃厚。

　　隋代的牧監是掌牧地的官署，隴右地區既是隋代牧監所在，又是防禦突厥、吐谷渾的策略要地，此地民風粗獷，尚武風氣濃厚，人人都精於騎射。這就決定了與之相鄰的河西地區的畜牧業發展。

　　隋代是河西地區畜牧業經濟發展的一個重要階段。隋代在歷史基礎上繼續在河西發展畜牧業，這時的河西是全國戰馬的主要供給地之一。

　　在當時，隋朝廷最大的邊患是雄踞於西北的突厥與吐谷渾，朝廷對馬匹的徵發一日不可緩。因而隋代對河西地區畜牧業的經營，不僅適應了這裡經濟開發的客觀需要，而且具有重要的策略意義。

　　唐代畜牧業極為興盛，在中國數千年畜牧發展史上寫下了光輝的篇章。其牲畜種類之多、數量之大、品質之佳、畜牧業組織機構之全、立法之詳，前超秦漢，後過兩宋，名列歷代榜首。

　　唐代畜牧業所以興盛，一靠政策得當，如重視馬政、選賢任能，制定馬法、賞罰分明，珍惜耕牛、保護役畜，農牧結合；二靠技術進步，如馬籍盛行，引進良種、大力繁殖，牧養有法、儲草御冬等。

從唐初貞觀至中唐天寶年間，唐代牧監的地域在逐步擴大，而且都偏重在西北地區。牧地西起隴右、金城、平涼、天水，東至樓煩，都是唐代養馬之地。

這一帶水草豐盛，田土肥腴，氣候高爽，特別適宜於畜群繁衍，故秦漢以來就是豐茂的畜牧場地，到了唐代，也很自然地成為了官府畜牧業勃興的載體。

唐代特別強調以法治牧，嚴格執法，從而有效地保證了畜牧業長盛不衰。

據《唐會要》記載，西北各監牧的馬牛羊駝數量時升時降，開元初是二十四萬匹，開元末升至四十三萬匹。

唐代頒布了《廄庫律》，規定牲畜的飼養、管理和使用，還頒布了《廄牧令》、《太式》等有關廄牧事宜的專門法律。

此外，唐代對西域大批良種牲畜的引進，促進了中原農牧業生產的發展和畜牧技術的提高。這是民族間友好交往、民族關係得到發展的歷史見證。

西域畜牧業對中原農牧業生產的發展做出了重要貢獻。西域當時輸入中原的牲畜以馬為最大宗，唐朝廷積極引進。這裡一直是中原王朝良馬的主要供應地之一。

此外還有牛、駝、騾、驢等。西域良畜的引進，促進了中原畜種的改良，進一步發展了中原地區的畜牧業，支援了中原的農牧業生產。

隨著大批西域良種牲畜的引進，在積極的飼養實踐過程中，唐代的畜牧技術得到了很大程度的提高。建立了較為完

養殖史話：古代畜牧與古代漁業
馴養之路 古代畜牧

備的馬籍和馬印制度，掌握了合理的飼養管理方法，獸醫水平也有一定提高。

五代時期，政權更替頻繁，戰亂不斷，黃河流域農、牧業受到破壞。南方九國，國小力弱，必須發展經濟，才能安民保境，因而畜牧業的發展相對緩慢。

宋代，傳統官營牧場所在的西北邊郡多為少數民族占領，宋朝廷將馬分散到各地飼養。

宋代初期，養馬最多時達十五萬匹，以後官營養馬明顯衰落。由於馬匹不能滿足需要，故從少數民族地區大量購進，茶馬互市由此發展起來。

北宋與遼、金、西夏少數民族政權並立，疆域縮小，北境受遼、金威脅侵擾，農、牧業都比唐朝時萎縮。牧場偏重於內地，養馬政策搖擺，機構分合不定，養馬業不景氣。

慶曆年間是北宋軍備最好的時期，官馬總數超過二十萬匹，但不及唐代官馬的一半。此時，南方水田增多，水牛、黃牛、豬和家禽的飼養也相應增加。

遼、金、西夏畜牧業相當發達，各個政權對畜牧業很重視，新刊本《司牧安驥集》就是金的附庸政權偽齊劉豫徵集刊刻的，使此書得以流傳下來，是中國現存最古老的一部中獸醫學專著。《黃帝八十一問》是金朝人撰寫的古獸醫學重要篇章。

北方崛起的蒙古族統一全國後，建立了元王朝。元代在東北、西北和西南地區建立了規模很大的牧場十四處。元代

開闢牧場，擴大牲畜的牧養繁殖，尤其是繁殖生息馬群，成為元朝廷的一貫政策。

元代牧場廣闊，西抵流沙，北際沙漠，東及遼海，凡屬地氣高寒，水甘草美，都是牧養之地。當時，大漠南北和西南地區的優良牧場，見於記載的有甘肅、吐蕃、雲南、河西、和林、遼陽、大同等，不下數十處。大規模的分群放牧，顯然對畜牧業的發展有利。

元代官方牧場，是大畜群所有制的高度發展形態，也是大汗和各級蒙古貴族的財產。官牧場透過國家權力占有的水草豐美之地，擁有極優越的生產條件，生產設備和牲畜飼料由地方官府無償供應。

元代由於官牧場的牲畜繁多，牧人的分工更為專業化。記載下來的大致有：稱為「苛赤」的驛馬倌、稱為「阿塔赤」的騸馬倌、稱為「兀奴忽赤」的一歲馬駒倌、稱為「阿都赤」的馬倌、稱為「亦兒哥赤」的羯羊倌、稱為「亦馬赤」的山羊倌、稱為「火你赤」的羊倌等。牧人分工的專業化，也有利於畜牧業的發展。

除此之外，元代還有私人牧場。元代諸王在所分之地都有王府私有牧場，元世祖忽必烈第三子忙哥剌，占領大量田地進行牧馬。可見當時蒙古貴族的私人牧場所占面積之大。

元代逐漸完善了養馬的官制，設立了一些馬政體系，如太僕寺、尚乘寺、群牧都轉運司、「和買」制度等，同時對馬匹進行保護。在元代制定的格律類聚書中，把馬匹保護法作為一項重要內容。

養殖史話：古代畜牧與古代漁業
馴養之路 古代畜牧

　　元代有關保護畜牧業生產的刑律，一是蓋暖棚、團槽櫪，以牧養牲畜；二是禁私殺馬牛，否則或被杖責，或被罰金；三是禁止盜竊畜口，如駱駝、馬、牛、驢、騾、羊、豬，盡在禁盜之列。對偷盜牲畜者判罪的刑律，在元代的刑法中越到後期越嚴厲，尤其對盜牛馬者，判罪最重。

　　由於元代的一系列政策和措施，使元代畜牧業繁榮一時。當時牛羊雲聚，車帳星移，呈一派畜牧旺盛景象。

　　明初朝廷建章立制，頒行法規，採取一系列恢復和發展農業生產的措施，明代畜牧業得以恢復和逐步振興。

　　朝廷確立了一套系統嚴密的畜牧業管理體制，制定了詳細嚴格的畜牧律令規定，從而在制度上保證了明代畜牧業的快速恢復和發展。

　　明代朝廷曾命令南京、太平、鎮江、廬山、鳳陽、揚州、滁州等六府兩州的農民養馬，並以馬代賦，官督民牧。在西北及各邊要省區設立監、苑、衛所，劃定草場範圍，發展軍隊養馬。在東西北各少數民族地區實行茶馬互市，設立茶馬司以管其事。

　　明初，養馬業由於連年戰爭的破壞而亟待振興。明朝廷以馬政建設為重點，嚴格官馬管理制度，建立健全了管理機構。在明代前期，養馬業發展日益興盛，規模龐大，技術進步，牧養發達，達到頂峰。

　　明初耕牛十分缺乏，為了發展耕牛，朝廷對耕牛的保護和繁殖很重視，頒布了獎勵繁殖、禁止擠奶等條例。

事實上，這種政策是消極的，並不能促進耕牛的發展。明憲宗時設置蓄牧所，掌管獎勵養牛事務，曾多次購買大批耕牛分給農民和屯墾士兵。

明代的養豬業、養羊業及家禽業也獲得了一定發展。畜禽品種繁多且各具特色，豬、雞、鴨、鵝等家畜及家禽飼養業在明代民間獲得了進一步發展，養殖技術也有很大提高。

明代畜牧獸醫技術的發展進步顯著。經驗獸醫學發展迅速，家畜診療技術成就突出，達到新的高峰。畜牧獸醫技術的進步，促進了畜牧業的發展。

為了保護好畜群，掌管養馬的機構苑馬寺曾多次翻刻《司牧安驥集》和《痊驥通玄論》等古獸醫書，並編纂《類方馬經》、《馬書》、《牛書》等。著名獸醫喻本元、喻本亨兄弟合著了《元亨療馬集》、《元亨療牛集》。

清代的馬政制度基本仿照明代，太僕寺、上駟院分管各地的牧場。御用馬歸上駟院，屬內務府。軍用馬由兵部車駕司管理。太僕寺、上駟院、慶豐司所屬牧場占地共三十萬平方里（七點二五平方公里）。

太僕寺牧馬場分左、右兩翼牧場，上駟院牧場也有兩處。慶豐司牧場有養息牧場和察哈爾牧場，裡面有種牛場三處、種羊場四處，在北京西華門外設牛場三處，另有擠奶牛場三處。

此外，軍事性質的八旗牧場，都各占地幾十平方公里，飼養著數以千計的馬牛羊等各種牲畜。

養殖史話：古代畜牧與古代漁業
馴養之路 古代畜牧

清代在中原及江南農區，實行禁止農民養馬政策，廢除明代官督民牧制度。除八旗、驛站、文武官員外，其餘人員不準養馬，違者沒收馬匹，畜主受杖責，違禁販賣馬匹者處死。

在這種政策影響下，農區中只能以牛耕田。因此，清代兩百六十年間馬醫無重要著作，而相牛和治牛病的書卻大量出現。

值得一提的是，明清時期在養豬、養羊方面也有較大的發展。農區養豬、養羊主要是為了取得糞肥，因為棧養羊、圈養豬得到發展，並培育出一批優良豬、羊、雞品種。豬種和雞種曾運至國外，對世界的豬、雞品種培育和發展產生良好的影響。

閱讀連結

清代彰武地區是皇家牧場，最初叫楊柽木牧場，也稱蘇魯克牧場，後改為養息牧牧場。

西元一六四七年，順治皇帝從察哈爾蒙古八旗調遣牧民到蘇魯克牧場。他們千里迢迢，跋山涉水，風餐露宿，歷盡艱辛，整整走了兩年，於西元一六四九年四月到達蘇魯克。

在當時，每旗調遣兩個家族，每個家族調遣兩戶，共計調遣三十二戶、兩百三十六口人，分包、白、羅、邰、洪、趙、吳、齊、戴、李、韓、楊十二個姓氏、十六個家族。這些家族歷經三百餘年，已繁衍了十幾代人。

極其重視對馬匹的馴養

在中國古代社會生活中，馬匹不僅是農業生產中的重要役畜，更重要的是古代軍事和交通的必需物資。

所以古人在長期飼養家畜的實踐中，認識到在一切家畜中，以馬最為嬌貴，必須特別加以細心飼養，才能培育出良好的馬匹來。

中國歷代從民間到國家都極為重視發展養馬業，並且建立了一整套科學的養馬方法，諸如科學飼養、如何馴教以及積極進行品種改良等。這些獨具特色的方法，極大地豐富了中國古代的養馬文明。

■古代馬具

先秦時期，商代就將馬列為「六畜」之首，認識到養馬的重要性，必須關注馬的習性，注意馬的冷暖，適度馬的勞逸，慎對馬的饑渴，在飼養方面積累了許多寶貴的經驗。

戰國初期著名的軍事家吳起，從戰爭的需要出發，對中國殷周以來的養馬經驗，作了非常好的總結，對馬的廄舍環境、食草來源、饑飽控制、溫度觀測、毛鬣剃剔等，可謂體念入微。

養殖史話：古代畜牧與古代漁業

馴養之路 古代畜牧

　　先秦時期的人們還知道在飼養馬匹方面進行飼料的合理搭配。古代以粟和菽豆作為主要精飼料，統稱為「秣」。

　　粟是碳水化合物含量高的飼料，豆是蛋白質飼料。使用碳水化合物和蛋白質飼料、粗料和精料合理搭配，說明中國在春秋戰國時期就有了比較科學的飼養技術。

　　此後，人們對馬匹進一步觀察，掌握牠的生活習性，在飼養方面積累了許多寶貴的經驗。如北魏農學家賈思勰的《齊民要術》中說的「飲食之節，食有三芻，飲有三時」，意思是說飼料不可太單純，飼飲要有定時，旨在強調精粗不等的三種餵牲口的飼料。這個養馬原則為後世所師法。

　　清代農學家張宗法撰寫的綜合性農學巨著《三農紀》中說：

　　凡草宜擇新草，細銼篩簸石土。

　　意思是說，飼馬的草料要新鮮，不可用發霉腐敗的草，而且要銼碎簸淨石土，因為馬的消化器官最容易犯病，吃了發霉不潔的草，很容易發生疝痛而致馬死亡。這些飼養經驗，直到現在仍在被運用。

　　中國古人對馬匹的調教也很有講究。馬匹的調教是飼養馬的一項重要技術，中國古代馬匹調教技術是十分精湛的。

　　古代傳說少昊製牛車，奚仲製馬車，並製造鞍的勒靮，駕六匹馬拉的車子。這說明中國在很早以前，就已經透過調教，用牛和馬來駕車了。

從殷墟的發掘情況來看，更證實了殷代已用四馬或六馬拖車，而且還有轡飾頭絡，和今天的絡制大同小異。

《詩經·大雅·綿》記載：

古公亶父，來朝走馬。

古公亶父是周文王的祖父，可見殷末已有騎術。戰國以前，在戰術中重車戰，戰車在戰勝敵人中有十分重要的作用。

到了春秋以後開始重視騎兵，因而騎術更加重要。騎兵在歷代都有所發展。

到了元世祖忽必烈時，部下有很多蒙古騎兵，為了要求能在馬上射箭準確，很注意對蒙古馬的調教。後來蒙古馬在速步時步法所以能這樣平穩，就是中國對馬的特殊訓練調教的結果，是有長期的歷史傳統的。

蹄鐵是馬匹管理上不可缺少的東西，由「無鐵即無蹄，無蹄即無馬」這句諺語，就足以說明蹄鐵的重要。製造蹄鐵和裝蹄、削蹄是一門專門技術，它可以提高馬匹的效能。

蹄鐵在中國至少已有兩千多年的歷史。自從中國古代人民發明了蹄鐵術之後，各地競相模仿。歐洲的蹄鐵術，受到中國蹄鐵術的影響加以改良而成。

古人對馬種的培育與改良，已經形成一套比較成熟的經驗。漢武帝為了抵禦匈奴，曾致力於養馬業的發展。為了改良馬種，他曾派遣使臣到西域大宛，引入古代有名的汗血馬兩千匹，進行大規模的繁殖和雜交改良工作。

養殖史話：古代畜牧與古代漁業
馴養之路 古代畜牧

漢代以來，在改良馬品種的基礎上，還不斷從西域輸入大批的優良馬種。唐代在馬匹改良上也曾經作過極大的努力。

據《唐會要》記載：唐高祖李淵時，康居國即今新疆北境和中亞地方進貢馬四千匹，屬大宛種，體軀高大。

唐太宗李世民時，居住在瀚海以北的「骨利干」族人派遣使者來中國，帶來良馬一百匹，其中有十匹特別好，唐太宗極其珍愛，給每匹馬都取了名字，號稱「十驥」。

唐太宗曾用軍事力量保護「絲綢之路」的暢通無阻。伴隨通商，引進了外國一些先進科學技術，良馬也傳進來了。「昭陵六駿」中的名馬之一「什伐赤」，就是引進的十分名貴的優良馬種。

漢唐以來，先後從西域輸入的，有大宛、烏孫、波斯、突厥等地的良馬。這些良種馬的引入，對於內地馬匹的改良，起了極大的作用。

漢唐以來所產生的改良駒，體質健壯，外形優美。這些名駒良驥的雄姿，到現在還可以從漢唐遺留下的陶俑馬、浮雕、壁畫和石刻中見到。

唐代除養有大量官馬以外，還透過同邊疆各少數民族茶馬互市和收納貢馬等途徑，獲得大量戰馬。因此，史稱「秦漢以來，唐馬最盛」。

漢唐有意識地引入外地種馬雜交本地種馬，無論是技術成就和數量規模之大，在當時世界上都是少有的。利用異種間的雜交方法來創造新畜種駃騠、騾等，也是中國古代家畜育種科學的重大成就之一。

唐太宗李世民非常愛馬，他的坐騎陪伴他度過了整個戰鬥生涯。為了養好馬，唐太宗特意起用了有胡人血統的兩位養馬專家，並給予這兩位專家很高的禮遇。

有一次，唐太宗舉行國宴，招待西域各族酋長和外國使節，也讓兩位養馬專家參加。

有一位叫馬周的大臣認為他們只會養馬，並無其他長處，不配參加這種高貴的國宴，說唐太宗把他們抬得太高了。

唐太宗則認為，大唐基業的創立也有養馬專家的貢獻，他們理應受到尊重。

▌積累了豐富的養牛技術

■古代農業耕作蠟像

養殖史話：古代畜牧與古代漁業

馴養之路　古代畜牧

　　牛在中國古代是牛科中不同種、不同屬及家畜的統稱，通常指牛屬和水牛屬，也包括犛牛。

　　牛在中國這樣一個農耕文化占主導地位的國度，從來就占有特殊的地位，古代先民在養牛技術方面積累了豐富的實踐經驗。

　　中國古代的養牛技術，涉及牛利用的歷史發展、牛種的馴化和演進以及牛的飼養方式和方法等。體現了古代先民對牛的重視，更蘊含著幾千年的牛文化。

　　牛在遠古時代就被用作祭祀的犧牲，每次宰牛多達三四百頭，多於羊和豬的數量。在周代，祭祀時牛羊豬三牲俱全者，被稱為「太牢」；如缺少牛牲，則稱為「少牢」，這說明自古就以牛牲為祭祀的上品。

　　聰明的古人根據牛角的發育程度，判斷牛的老幼，從而區別牛的等級。

　　為了掌管國家所有的牛在祭祀、軍事等方面的用途，周代還設有「牛人」一職，漢以後曾發展成為專管養牛的行政設置。

　　牛在古代的主要用途是供役用。牛車是最古老的重要陸地交通工具，有人認為堯、舜以前已發明牛車。在井田制盛行的商周時期，規定每十六井準備戎馬一匹、牛一頭，以備徵用。

　　在有了交通驛站之後，牛在某些朝代，也用於缺馬的地區或無需急行的驛運。歷史上每當大戰之後，馬匹大減，牛

的用途就大了起來，甚至有騎牛代步的。比如元代的民馬多為朝廷徵用，民間的畜力運輸曾以牛為主。

使牛的利用發生決定性變化的，則是農業生產中牛耕的發展。牛耕始於鐵器農具產生以後，但在甲骨文和金文中，「犁」字無不從「牛」字。

孔子的門徒冉耕，字伯牛；另一個門徒司馬耕，字子牛，二人的名號中都有相應的「耕」、「牛」二字。這些都可說明耕地與牛的關係和牛耕之早。

自漢代以後的兩千餘年來，許多出土文物更可證明牛耕的發展。唐代南詔的「二牛抬槓」和用單套牛耕作的方法，已見於徐州地區漢墓的石刻和嘉峪關、敦煌、榆林等地的壁畫。唐初李壽墓的壁畫，也說明早在一千多年前，無論是牛的軛具或耕作技術，都已發展到相當於近代農具的水平。

牛乳及其製品，一向是草原地區各族人民的主食。南北朝時期，已遍及北方農村，賈思勰的《齊民要術》就詳細記載了農民擠牛乳和製作乳酪的方法。

乳製品在古代通稱為「酪」，也很快推廣到南北各地。據《新唐書·地理志》記載，唐時在今甘、青、川諸省以及廬州也已有此產品。

此後，江南如湖州、蘇州等地農民也養乳牛，擠乳作酪，並製成乳餅及酥油為商品。直至西洋乳牛輸入以前，中國南北不少城市早有牛乳供應，採取的是趕黃牛上門擠乳出售的方法。

養殖史話：古代畜牧與古代漁業

馴養之路 古代畜牧

中國普通牛的馴化，距今至少已有六千年的歷史，在草原地區可能更早。長期的定向選擇以黃色為主，牛角也逐漸變短。

到春秋戰國時期，已出現優秀的牛種。著名的秦川牛就奠基於唐代，可認為導源於當時，毛色則以紅色為主。

至於塞北草原的牛種，據南宋徐霆關於蒙古的見

聞錄《黑韃事略》中說：

見草地之牛，純是黃色，甚大，與江南水牛等，最能走。

也說明了牛種在不同生態環境下產生的差異。

水牛在中國南方馴化較早。浙江餘姚河姆渡和桐鄉羅家角兩處文化遺址的水牛遺骸證明，約七千年前中國東南濱海或沼澤地帶，野水牛已開始被馴化。

從古代文獻看，甲骨文中有「沈牛」一詞，被釋為水牛的古稱。漢代辭賦大家司馬相如《上林賦》也有此名詞。現陳列在美國明尼亞波里斯美術館的臥態水牛銅像，是中國的周代文物。

明代《涼州異物誌》載「有水牛育於河中」，證明古代在今甘肅武威地區也有水牛，只因數目較少，被視為珍稀動物。

犛牛由野犛牛馴化而來。古代用犛牛尾毛製成的飾物稱「旄」，常用作旌旗、槍矛和帽上的飾品。據史載，先秦時期青海有用犛牛尾毛製成的飾物，中原地區有的國家透過物

品交換得而用之，說明先秦時期青海一帶的氂牛產品已成為與中原地區商品交換的內容之一。

此外，氂牛肉在當時被認為是美味的肉食，說明氂牛自古也供肉用。

放牧是古代養牛的早期方式。在這方面，中國古代先民的牧養技術是比較成熟的。甲骨文中的「牧」字，即表示以手執鞭驅牛。《說文解字》把它解釋為養牛人。

夏商時期的牧官，包括牧正和牧師，既是地方官，也是管理養牛和其他畜牧生產的頭目。古代牛群放牧的形式和近世相似。放牧地也有指定，曾有郊地、林地、牧地的區別。隨著牛用途的發展，以放牧為主的養牛方式逐漸向舍飼過渡，或二者結合。

除了牧養牛，古人還有圈養牛的方法。甲骨文中的「牢」字是個像形字，「宀」字下面一個「牛」字，表示供躲避風霜雨雪用的簡易牛欄或牛棚。《秦律》中已有對牛馬的飼養管理和使用的保護條例。

北魏賈思勰的《齊民要術》指出，養牛要寒溫飲飼適合牛的天性，還提到造牛衣、修牛舍，採用墊草，以利越冬等，表明已很重視舍飼管理措施。《唐六典》明確規定官牛的飼料由朝廷定量供應。

元代的《農桑輯要》在總結元代以前耕牛的飼養方法時提到：每三頭牛日給豆料達八升，每日定時餵給，每頓分三次，先粗後精，飼畢即耕用。

養殖史話：古代畜牧與古代漁業

馴養之路 古代畜牧

到明清時期，耕牛飼養採取牧餵結合的方法。明代農學家徐光啟在《農政全書》中，講述了適用於江南的養牛方法。

清代作家蒲松齡《農桑經》、清代學者包世臣《齊民四術》和張宗法《三農紀》仲介紹的飼料處理和餵牛的方法，適用於華北。清代農業經營家楊秀元《農言著實》介紹陝、晉各省用苜蓿餵牛的經驗，則更有價值一些。

中國古人在養牛過程中，還發明了穿牛鼻的方法。穿牛鼻是控制牛便於役用的一項重要發明。甲骨文「牛」字下面一橫劃，表示用木棒穿過牛鼻的意思。兩漢時期的耕牛壁畫，也證明牛穿鼻的發明為時甚早。

趕牛的鞭子是在春秋時期開始的，主要用於放牧和使役。據清代官員鄂爾泰《授時通考》的解釋，其作用在於以鞭與人的吆喝聲相伴和，用以警示牛行，而不是只用鞭撻，因而又稱「呼鞭」。

總之，中國古代在養牛方面，取得了令人矚目的成就，不僅豐富了中國古代農耕文化，也對人類歷史的進步做出了貢獻。

閱讀連結

春秋時期的百里奚是個有賢才的人，楚國國君楚成王聽說百里奚善於養牛，就讓百里奚為自己養牛。秦穆公聽說百里奚是人才，就想重金贖回百里奚。

但謀臣公子縶認為，楚成王讓百里奚這樣的人才去養牛，說明他還不知道百里奚的能力，如果用重金贖他，就等於告

訴人家百里奚是千載難遇的人才。最後，秦穆公用五張黑公羊皮換來了百里奚。百里奚也因此被稱為「五羖大夫」。

百里奚養牛，也從一個側面說明了春秋時期養牛已經被賢者所重視。

▌歷史悠久的養羊技術

■蘇武牧羊畫

中國自古就把不同屬的綿羊和山羊統稱為「羊」，其馴化和飼養的歷史大概比牛悠久。綿羊和山羊對生態環境的適應性不同，二者發展的歷史有所差異，但自古以來它們都是肉食和毛皮的重要資源，是中國各族人民衣食的主要來源。

自古養羊以成群放牧為主。牧羊與牧牛的方法十分相似，凡水草肥美的地方都是養羊的良好環境。古代先民透過養羊實踐，傳襲下來許多養羊經驗。

養殖史話：古代畜牧與古代漁業
馴養之路 古代畜牧

中國養羊的歷史悠久，從夏商時期開始已有文字可考。在河南安陽殷墟發現綿羊頭骨，因而有「殷羊」的命名，但實際綿羊馴化的時間遠比殷代早得多。一般認為中國養羊在遠古時期已進入馴化階段。

甲骨文中有「羊」字，沒有綿羊、山羊的區分。直到春秋時期前後，綿羊和山羊在文字上才有所區別，而歷代訓詁學者又各有不同的解釋。《爾雅》郭璞注指出，羊指綿羊，夏羊才指山羊。

綿羊在以後的發展過程中，古代蒙古羊、肥尾羊、同州羊和湖羊對近代綿羊品種的形成，關係較為密切。

蒙古羊在秦漢時代也稱「白羊」，主要在塞外草原上游牧。兩千多年來，因民族之間的戰爭和草原部族的南遷而大批進入長城以南，北方農村早已成為蒙古羊的主要擴散地。經過它與華北及西北邊遠牧區的羊群雜交，中國現有的各地綿羊品種，除青藏高原及西南地區的藏羊外，幾乎都與蒙古羊有關。

古代肥尾羊是大尾羊中的一類，還有一類是肥臀羊。大尾羊原產於西域包括今新疆等地，大多在唐宋時期來到黃河中下游流域，曾以貢品輸入。大尾寒羊是北宋時同州羊東移中原地區發展起來的另一品種。

宋代李昉等學者奉敕編纂的《太平御覽》和明代官員葉盛的《水東日記》，都稱西北牧民有從大尾羊尾內割脂肪的習慣。

明代醫藥學家李時珍的《本草綱目》說，哈密和大食的大尾羊尾重達五至十公斤，要用車運送。大尾寒羊是肥尾羊的代表。

同州羊形成於唐代以後。陝西同州自唐迄明末長期存在的沙苑監，不僅以養馬馳名，也是為皇室供應綿羊的主要場所。在此培育的綿羊肉質肥美，同州羊因而得名。

關於湖羊的形成，根據近年南京地區出土的文物證據，其歷史可追溯到東晉時代。這與北方戰亂、古代人口兩次大遷徙到江南有關，是適應江南環境而形成的品種。

宋嘉泰元年（西元一二〇一年）談鑰撰寫的《嘉泰吳興志》記載：

今鄉土間有無角斑黑而高大者，曰湖羊。

但清代的《湖州府志》則改稱它為「胡羊」，並說因在枯草期間可用乾桑葉餵飼，因此又有「桑葉羊」之稱。

山羊自古遍於南方，是南方的主要羊種，北方草原上也有分佈。其適應性很強。除利用其肉、乳、皮毛外，漢代以後還曾出現供人乘坐的羊車。山羊有時也供兒童騎用，與綿羊一起放牧時，還常被用作「帶群羊」。

在嶺南地區，傳說秦始皇派去的南越王趙佗，以五色羊作為瑞祥的標誌。今雲南一帶，也是古代產山羊較多的地方。唐時吳越人曾向日本送去山羊，到十八世紀山羊在日本仍被當作珍貴吉祥之物。

養殖史話：古代畜牧與古代漁業

馴養之路 古代畜牧

　　乳用山羊在南宋時代已見於杭州，宋《清波雜誌》中有記載。宋範成大《桂海虞衡志》所說的英州乳羊，則是產於廣東的一種肉用山羊，《本草綱目》更把它當作滋補的肉類。

　　春秋時期的兩個大商人范蠡和猗頓都牧過羊。漢武帝時卜式牧羊尤為聞名。據《史記·平準書》和《前漢書》記載，卜式是河南人，與弟分家後，只取羊百餘隻，入山放牧十餘年而致富。

　　漢武帝派卜式在上林苑牧羊，年餘就見成效。迄今流傳的《卜式養羊法》，是否為他所著，尚難證實；但北魏《齊民要術》中的養羊篇，總結了魏、晉以前民間流傳的牧羊經驗，其中也包括卜式的經驗，迄今仍不失為養羊的古代文獻。

　　關於牧羊的飼養管理，在青海都蘭縣的考古發掘材料證明，先秦文化遺址中有外圍籬笆的較大羊圈，說明當時的牧區環境已有一定設施。

　　《齊民要術》則對牧羊人的性格條件、牧羊時羊群起居的時間、住房離水源的遠近、驅趕的快慢、出牧的遲早以及羊圈的建築、管理和飼料的儲備等，都做了詳細闡述，說明飼養管理措施已甚周到。該書對剪毛法也有敘述，指出剪毛的時期和次數決定於季節，有春毛、伏毛和秋毛的區別等。

　　古代供祭祀和宴會用的羊牲，一般都經過催肥，稱為「棧羊」。《唐六典》為此定有制度：凡從羊牧選送到京的羊，即行舍飼肥育；一人飼養二十隻，每隻定量供給飼料，屠宰有日期限制；並規定有孕母畜不准宰殺等。

自唐代以後，由於皇室和往來使臣的肉食需要，對羧羊非常重視。僅據北宋大中年間詔書所示，牛羊司每年羧羊頭數達三點三萬隻，尚未包括民間羊肉的消費數量。

對於配偶比例，明末清初農書《沈氏農書》認為以一雄十雌為宜。清代楊屾勸民植桑養蠶的農書《豳風廣義》則認為，西北地區，1隻公綿羊可配十至二十隻母綿羊，在非配種的春季可改為五十至六十隻，是以公羊帶群放牧配種的。由於秋羔多不良，古代牧羊者已知在春夏季以氈片裹牝羊之腹，防止交配。

牛、羊糞可用以提高土壤肥力，這在《周禮·地官》中早已指出。《沈氏農書》記述明代嘉興、湖州地區養羊除收取羊毛、羔羊外，還可多得羊糞肥田。徐光啟《農政全書》中指出羊圈設在魚塘邊，羊糞每早掃入塘中，可兼收養羊與養魚之利。

清代文人祁雋藻的《馬首農言》還記載有清代北方農村秋收後「夜圈羊於田中，謂之圈糞」的養羊積肥法。

中國古代牧羊場的組織制度應該說是比較健全的。隸屬國家組織的牧羊場，古稱「羊牧」，其中有的是獨立設置，也有與馬牛分群管理的綜合經營。

如漢景帝時的馬苑，號稱養馬三十萬，實則也包括許多牛羊。魏、晉時羊牧屬於太僕寺，北朝在寺下再設司羊署，主管養羊行政，並分設特羊局和牸羊局。隋代統一全國後，組成牛羊署。

養殖史話：古代畜牧與古代漁業

馴養之路 古代畜牧

　　唐代改成典牧署，掌管隴右牧監送來的牛羊，以及群牧所的羊羔。《唐律》規定以六百二十隻羊為一群，不包括羊羔，每群設一名牧長和幾名「牧子」。另規定孳生課羔的制度和獎罰的辦法。宋以後典牧署改稱牛羊司，屬光祿寺管轄，並改羊牧為羊務，另有一套制度。

　　明代宮廷所需的羊，除由各省派撥外，也由上林苑飼養繁殖。永樂以後在北京市郊各縣的上林苑，其規模不亞於秦漢，同時兼養其他畜群，也是一個皇家狩獵場。

　　清代的羊場主要集中在兩處：一在察哈爾錫林郭勒盟，專供皇室取用，牧羊約二十一萬隻；另一在伊犁地區，歸地方軍政當局主辦，稱伊犁羊場，全盛時期牧羊曾達十四萬隻。

閱讀連結

　　四川盆地西北部的北川古羌族，是一個以養羊為主的畜牧民族，由於羊在社會經濟生活中的重要作用，北川羌族逐漸形成了對羊的崇拜。

　　以羊祭山是古羌人的重大典禮，所供奉的神全是「羊身人面」，視羊為祖先。在日常生活中，羌人喜歡養羊、穿羊皮褂、用羊毛織線。羌族少年成年禮時，羌族巫師用白羊毛線拴在少年頸項上，以求羊神保佑。

　　羊圖騰崇拜是羌族先民較普遍的一種崇拜形式，是羌族原始宗教信仰的一個重要內容。

▌總結出科學的家豬飼養法

　　豬在中國是最早被馴養的動物之一，距今八千年前的磁山遺址就有豬被馴養的證據。從中國新石器時期遺址發掘出土的豬牙和豬骨，可以瞭解到古代家豬的發展進程。古人在家豬飼養過程中，總結出一整套科學的飼養管理方法，在選種、護理、飼養等方面，取得了卓有成效的進步，對世界養豬業的發展也做出了貢獻。

■大明宮遺址出土的陶豬

　　根據考古工作者考證，最早的家豬出自河北省武安縣磁山遺址，距今八千年左右。判定其為家豬主要有 3 個標準，即牙齒的測量、豬的死亡年齡以及豬骨遺骸出土時的考古學背景。

　　磁山遺址豬的下第三臼齒的平均長度為四十一點四毫米，平均寬度為十八點三毫米。這個尺寸與人們一般認為家豬第三臼齒的平均長度低於四十毫米的尺寸相似。

養殖史話：古代畜牧與古代漁業

馴養之路 古代畜牧

　　另外，從磁山遺址發現，超過六成的豬在半歲至一歲時就被宰殺，這種死亡年齡結構不像是狩獵的結果，而是人為控制下的產物。

　　磁山遺址的幾個窖穴裡都埋葬有 1 歲左右的骨骼完整的豬，上面堆積有大量的炭化小米。這些都是當時人的有意所為。

　　根據上述發現，說明在中國新石器時期，家豬的出現，至少要比栽培農作物和製作陶器晚了兩千年左右。

　　中國家豬的飼養要比農業出現得晚，這表明在飼養家豬之前人們已經掌握了馴化這種行為。

　　在農業的起源階段不大可能出現剩餘的糧食，必須到栽培農作物達到一定水平，糧食生產出現了剩餘，才可以用來飼養家畜。

　　距今八千年左右的磁山遺址裡發現大量的小米，表明當時的糧食產量已經達到了一定的水平，除了供應人們的食用以外，還有一定的剩餘用來飼養家豬。

　　中國家豬的體質外貌、胴體品質、生長速度的遺傳力都比較高。在豬的育種工作中，對遺傳力比較高的性狀，透過選育，可以比較容易地收到預期的效果。

　　漢代在豬的選育方面的經驗和技術也相當成熟。賈思勰在《齊民要術》中說：「母豬取短喙無柔毛者良。」這說明當時人們已經認識到外形是體質的外部表現，能反映豬的生理功能的特點和生產性能。因此，據以選留種豬，對於漢代豬種質量的提高起了很大作用。

關於中國漢代豬種的優良品質，可以從考古發現的古代文物中得到證實。

根據華南漢墓出土的漢代青瓦豬的外形來看，漢代華南小耳型豬，頭短寬，耳小直立，頸短闊，背腰寬廣，臀部和大腿發育極其良好，四肢短小，鬃毛柔細，品質優良。這種優美的體態，說明中國古代豬種很早就具有早熟、易肥、發育快、肉質好的特性。

根據華北漢墓出土的漢代青瓦母豬和仔豬的外形來看，應屬於華北豬類型中的大耳型豬，它們的體態是頭部長而直，耳大下垂，體型比較大。又由出土的母豬俑所表現出的十分發育的乳房和仔豬豐肥的情況，可以看出這一豬種的優良素質。

在歷代的精心選育下，中國各地曾培育出不少優良豬種。早在三世紀，中國各地已經有了不少名貴豬種。

中國豬種向以早熟、易肥、耐粗飼和肉質好、繁殖力強著稱於世，漢唐以來，廣為歐亞各地人民所稱讚。

當時，大秦國，即羅馬帝國的本地豬種生長慢、晚熟、肉質差，因此他們特別注意早熟、易肥的中國豬，千方百計地引入中國華南豬以改良他們本地的豬種，育成了羅馬豬。羅馬豬對於近代西方著名豬種的育成起過很大作用。

英國在十八世紀初，引入中國的廣東豬種。到十八世紀後期，英國本地種豬已漸絕跡，代之以具有中國豬血統的豬種了。

養殖史話：古代畜牧與古代漁業

馴養之路 古代畜牧

　　例如，大約克夏豬，又名「英國大白豬」，是英國最著名的醃肉用豬。這種豬就是用中國華南豬和英國約克夏地方的本地豬雜交改良而成的。這種豬曾被稱為「大中國種豬」，以示不忘根本。

　　美國的波中豬也具有中國豬的血統。白色折斯特豬是在西元一八一七年用中國華南白毛豬改良育成的。

　　世界上許多著名豬種，幾乎都含有中國豬的血統。由此可見，中國古代的豬種素質多麼優良，對世界養豬業做出過貢獻。正如達爾文說的：

　　中國豬在改進歐洲品種中，具有高度的價值。

　　中國在幾千年養豬實踐中，形成了一套合乎科學的飼養管理方法。如在仔豬培育方面，中國早在南北朝時期以前，就有了仔豬的補料辦法，並採用了補飼欄，以營養豐富的飼料餵飼幼豬。

　　《齊民要術》中有關於新生的仔豬的特點、死亡原因和採取補救措施的科學總結。其中說：小豬如果給予足夠的食物，讓小豬出入自由，它就會很快地長肥。這樣的培育條件，大大提高了豬的早熟和易肥的優良性能。

　　對冬天分娩產下的初生仔豬的護理技術，早在南北朝時期，中國人也已經掌握，這樣就大大減少了初生仔豬的死亡率。

　　《齊民要術》介紹了冬天嚴寒季節產下的初生仔豬的防寒護理方法，是將初生仔豬放於籠中，微火燒水生成水蒸氣，然後蒸之，相當於給仔豬做桑拿，汗出便罷。

上述論證是相當科學的。初生仔豬大腦皮層發育不全，調節體溫功能不完善，受寒可使新生仔豬體溫發生不可逆的降低。冬天產下的仔豬，體溫急遽下降，需要幾天才能恢復正常。

受寒的仔豬，行動遲緩，被母豬壓死的危險性要大些。同時受寒也是使仔豬得病死亡的一個誘因。因此，對初生仔豬做好保溫工作是十分重要的。

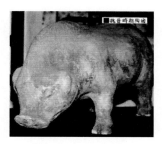

■魏晉時期陶豬

《齊民要術》還提出豬圈不厭小，圈小則有利於快速增肥。這些中國古代養豬技術的科學總結，即使在現代的養豬生產中，也是具有指導意義的。

另外，中國很早就利用微生物發酵的辦法，用粗飼料堆製發酵飼料。元代農學家王禎在《農書》中特別提倡用發酵飼料餵豬，他總結的經驗是，把割下的馬齒莧切碎，加米泔水和糟等發酵。

經發酵後的飼料，不僅能殺死病菌，使植物纖維變軟，並且產生酸味和香味，刺激豬的食慾，幫助消化，增進食量，

提高飼料營養價值。這是一種很科學的飼料調製法，至今仍在使用。

總之，家豬是中國新石器時期最早出現的家畜之一，在整個農耕社會裡也是一種非常重要的家養動物。中國精心選育出的優良豬種，對世界養豬業做出了重大貢獻，而家豬的飼養技術，對促進養豬業的發展有實際意義。

閱讀連結

明武宗朱厚照曾下令禁止民間養豬。史書記載明武宗「巡幸所至，禁民間畜豬，遠近屠殺殆盡。」

明武宗禁止養豬的「理由」有二：其一，「豬」與皇帝姓氏「朱」同音，要避諱；其二，朱厚照生於辛亥年，這年恰是豬年。因此養豬、殺豬便被認為把矛頭指向皇帝。

這一禁令，幾乎使全國的豬斷種。次年清明節時，要用豬來祭祀，一時竟無法找到。以後，由於大臣們的婉言勸諫，才不得不廢除這道令人哭笑不得的禁令。

▊不斷進化的各種馴養家禽

■戰國彩繪陶鴨

　　中國是飼養家禽最早的國家之一。「禽獸」二字時常連稱，但在古代對禽類和獸類的概念早有明確的區分。

　　據《爾雅·釋鳥》的解釋：「二足而羽謂之禽，四足而毛謂之獸。」在《孔子家語》中則以卵生或胎生來區別禽獸。

　　經過馴化飼養的禽類稱「家禽」，自古以來通常指雞、鴨、鵝等。中國古代在馴化和飼養家禽的過程中，總結出了相禽和選種、孵化、飼養、產蛋、填肥、強制換羽等方面的方法，使家禽的飼養越來越興旺。

　　中國很早就已將雞列為「六畜」之一。古代養雞除供食用卵肉外，有時也為玩賞和利用雄雞的啼聲司晨。

　　《周禮》設「雞人」一職，既掌管祭祀用的雞牲，也負責用雞報時。春秋時期，養雞已相當普遍，如老子《道德經》說：「鄰國相望，雞犬之聲相聞」。

養殖史話：古代畜牧與古代漁業
馴養之路 古代畜牧

　　吳王夫差就在越國設過養雞場。漢代時有養雞名手祝雞翁，因善於養雞而致富。某些地方官也鼓勵農民每家養母雞四五隻和豬一兩口。

　　在漫長的發展過程中，中國古代產生過不少獨特的雞品種。其中主要有鶤雞、長鳴雞、烏骨雞、長尾雞、江南矮雞等。

　　鶤雞屬大型善鬥品種，產於春秋時代魯國，主要供娛樂用。《爾雅》稱「雞三尺為鶤」。《左傳》有關於季郈兩家貴族鬥雞的記載。

　　漢代以來，還有不少描寫鬥雞的文學作品，如曹植的《鬥雞賦》等。唐代盛世，鬥雞之風曾達到狂熱程度。唐代以後在軍中推行鬥雞之戲，具有激發士氣的意義。

　　長鳴雞在古代供報時用，主要產於南方瀕海各地。梁《輿地誌》說它鳴如吹角，潮至則鳴，故又稱「潮雞」。漢成帝時，交趾、越巂曾獻長鳴雞。江南沿海昌國，即舟山群島一帶也有出產。

　　烏骨雞是指反毛烏骨雞。唐代杜甫養過烏骨雞，有詩可證。明《便民圖纂》有記述：

　　用白毛烏骨雞，重二斤許，作烏雞丸。

　　著名國藥「烏雞白鳳丸」即以此為原料製成。

　　明代《本草綱目》還指出反毛烏骨雞有黑毛、白毛、斑毛三種。日本在江戶時代從中國輸入烏骨雞，以後再傳到歐美。

長尾雞源於朝鮮半島北部，《後漢書》對此有記載，成都地區的東漢墓發現有長尾雞的石刻，但中國古代只作為珍異貢物，未能保存下來。

江南矮雞在《本草綱目》中有記載。清康熙末年曾由商船向日本運去南京矮雞，隨後在日本發展成許多有名的觀賞用矮雞品種。

此外，中國還有九斤黃、狼山雞等南方良種，十九世紀經英、美各國引種培育後才聞名於世。

鴨的馴化時間晚於雞。早在兩千多年前，已知家鴨和野鴨有密切關係。

古代多稱家鴨為「鶩」，如《爾雅·釋鳥》郭璞註：「野曰鳧，家曰鶩。」但也有稱鶩為野鴨的。據《吳地記》載：春秋時期吳國所築的鴨城，已是規模很大的養鴨場。三國時，東吳還以養鬥鴨聞名。

《雲仙雜記》中「富揚庭常畜鴨萬隻，每飼以米五石，遺毛覆渚」的記載，是唐代在桂林地區養鴨的實例。

鴨的著名品種北京鴨在明代即已形成，當時在北京近郊上林苑中養種鴨達兩千六百多隻，仔鴨不計其數，專供御廚所需。

鵝成為家禽晚於鴨，系由雁馴化而成。自古認為雁與鵝之間存在親緣關係，民間至今仍有雁鵝之稱。如《爾雅》郭璞注「野曰雁，家曰鵝」。中國在春秋時期已有鵝。到西漢時，鵝已作為商品，如西漢王褒《僮約》說「牽犬販鵝」。

養殖史話：古代畜牧與古代漁業

馴養之路 古代畜牧

鵝的品種中白鵝也用於觀賞，東晉王羲之尤愛白鵝，紹興蘭亭的鵝池即其遺蹟。東晉葛洪《肘後備急方》指出：養白鵝、白鴨，可避毒蟲。

唐代嶺南一帶有大型鵝，並利用鵝絨做被；皇室貴族還有養鬥鵝取樂的。明代上林苑所養的鵝群約三倍於鴨，每年從各省還進大量貢鵝。

中國古代養禽技術方面有不少創造，有的沿用至今。其中有一項技術就是相禽和選種。

相禽的目的是為了選種。漢代有《相雞經》，為《相六畜》之一。《隋書·經籍志》還提到梁代有過《相鴨經》、《相雞經》、《相鵝經》三部書，可惜都已經失傳了，但尚散見於明清時期的《臞仙神隱書》和《三農紀》等古農書中。

《齊民要術》對選擇各種種禽時幼雛孵化時間、母禽年齡、配偶比例等均有精細記述，有關經驗一直沿用到宋、元時期。

古代養禽一般採用自然孵化。中國北方大都用土缸或火炕孵蛋，靠燒煤炭升溫。在南方，一般用木桶或穀圍孵蛋，以炒熱的穀子作為熱源。

炒穀的溫度大約在三十八度至四十一度之間，經過八小時逐漸降低到三十四五度，再炒一次。每天共炒穀三次，使木桶裡的溫度經常保持在三十七度左右。

種蛋孵化十天後，蛋裡胚盤發育中自身產生熱，此後就可摻入新的種蛋。如果木桶裡保溫良好，這樣舊蛋自身發出

的熱已足以供給新蛋胚盤發育的需要，無須再炒穀了。土法孵化的巧妙處也就在這裡。

中國人工孵化法的特點是設備簡單，不用溫度調節設備，也不需要溫度計，卻能保持比較穩定的溫度，而且孵化數量不受限制，成本很低，孵化率可達百分之九十五以上。

對於家禽的飼養管理，最早的《詩經·君子於役》中就有「雞棲於塒」和「雞棲於桀」的記載。《爾雅·釋宮》稱：「雞棲於弋為桀，鑿垣而棲為塒」，說明古代養雞，多使雞棲息於小木椿上或鑿牆而成的塒上。

江西瑞昌西晉墓出土文物中，已有相當於籠養的雞寮和養鵝鴨的圈欄。《齊民要術》指出：「雞棲宜據地為籠」，並引述了漢代用秫粥灑於耕地，上覆生茅，人工生蟲作動物性飼料的籠養雞法。

此後籠養法一直受到重視。養鴨、鵝素以群放為主，《齊民要術》也有記載；在缺少河港的北方，則以舍飼居多。

關於雞、鴨、鵝的產蛋，據《齊民要術》記述，母雞不以雄相雜，多給穀食，能生百餘卵，母鴨也是如此。以後的古代文獻中，還有雜用青麻子混於飼料，能使母雞多產蛋；麻鴨的產蛋能力高於白鴨等記載。

填肥法多行於鴨、鵝。以鴨為例，北京鴨味美可口，早在明代就已為人們所賞識。這是由於人們發明了填鴨肥育技術、改善了鴨的肉質的緣故。

養殖史話：古代畜牧與古代漁業

馴養之路 古代畜牧

　　北京鴨在孵出後六七十日就開始填肥，這需要專門的技術。每天給兩回肥育飼料。在肥育期間，不再在舍外放飼，同時在肥育舍的窗格子上掛上布簾，把屋子弄成半明半暗。

　　肥育用的飼料是高粱粉、玉米粉、黑麩和黑豆粉等。把這些飼料用熱湯搓製成棒狀的條子，叫做「劑子」，由填鴨的技師用手把鴨嘴撐開，一個一個地填下去。

　　初次試填，每天每只約填七至九個。如有消化不良的，下次宜減去一兩個，如果消化良好，以後逐日遞增，最後約填二十個左右。

　　這樣鴨子在肥育期的二至四週間，就可增加體重四至六斤，肥育完成，可增重九至十二斤，肉味特別鮮美。

　　鵝的填肥法在明代朱權的《臞仙神隱書》中有較具體的記載，稱「棧鵝」。明代鄺璠《便民圖纂》則有棧雞法。肥育家禽時用硫磺加入飼料中，始見於《神農本草經》，明代古農書中仍有此說。

　　中國的古人掌握了鴨的生長發育規律，還發明了人工止卵和強制換羽的方法，使種鴨能依照養鴨人的意願，要什麼時候下蛋就什麼時候下蛋，要什麼時候換羽毛就什麼時候換羽毛，而且縮短了換羽期，增長了產卵期。

　　夏天鴨因怕熱，生長遲緩，下蛋數量減少，品質也差。這時候一般就人工止卵：先使它停食三天，只給清水，以維持生命。

　　三天後，改餵米糠，不再放飼，就可以自然停止下蛋。停止下蛋後大約五個星期，一般就會換羽。如果任鴨自然

換羽，前後大約要經過四個月，而且恢復健康也慢，甚至會耽誤和影響秋季下蛋。強制換羽，可以把換羽時間縮短至五六十天。

脫羽到相當程度，再把它的尾羽、翅羽分次用手拔盡，這對鴨子並無損傷，而且是有益的。這時添給適量的黑豆，以促進羽毛生長。

拔羽在六月上旬實行，到七月中旬新羽生長一半時，再趕下河去放飼。這時飼料恢復原狀，用米糠、黑豆和高粱飼餵。

到了七月下旬，就加餵粟米，配給量和未停止下蛋時一樣。幾天後就可看到鴨有交尾的。到八月上中旬，就又開始下蛋了，這種辦法可使停止產卵期縮短一半。

中國古代家禽除了雞、鴨、鵝外，還有其他禽類的馴養。主要包括鴿、鵪鶉、獵鷹、鸕鷀、鶴、雉、竹雞等。

據東漢文字學家許慎的《說文解字》解釋，鴿「與鳩同類」。甲骨文中尚未發現鴿字，《詩經》多次提到「鳩」，而未提鴿。《周禮·天官》鄭司農注六禽，即包括鳩與鴿，可見鴿在當時還是一種野禽。

秦漢時期已有家鴿。馬王堆漢墓帛書《相馬經》中所說的「欲如鴿目，鴿目固具五彩」，說明鴿的出現可能在秦漢之前。

鴿在古代已有多種用途。五代《開元天寶遺事》載稱，唐代宰相張九齡在少年時養鴿，用以與親友通信。實際上早

養殖史話：古代畜牧與古代漁業

馴養之路 古代畜牧

在隋唐以前，南方近海地區民間已有通信鴿，海船出航後，常用鴿系書放歸報訊。宋代以後，鴿還供軍用。

古時養鴿供玩賞用的更多，唐代詩人白居易等人有描寫鴿的詩賦。南宋詩人葉紹翁《四朝聞見錄》描寫南宋京城臨安一帶多「以養鵓鴿為樂，群數十百，望之如錦」。

養鴿也供食用，如南北朝時期梁武帝時，南京臺城被圍，守軍曾捕鴿充饑。清代《南越筆記》介紹廣東有「地白」鴿，體大不能高飛，專供肉用。

關於鴿的品種，明代的《山堂肆考》乃至清代《花鏡》等古籍均有記載，而以明末山東省鄒平縣張萬鐘的《鴿經》敘述最詳。

該書將鴿的種類分為花色、飛放和翻跳三品，在三品之中又有四十多種名目，均按外觀特徵和活動性能區分，並指明其原產地。

古代曾把鵪和鶉作為兩種不同的鳥類。直到宋代仍認為有別。《本草綱目》對鵪和鶉的特徵也有描述，而總其名為鵪鶉。

明程石鄰的《鵪鶉譜》，係傳自明宮祕本，全書約兩萬字，詳述鵪鶉的相法、名目、飼養、馴調和鬥法等十多個項目。另有金文錦《鵪鶉論》一書，是康熙乙未年刻本，其中畜馭法尤為精闢。

由此可見，中國養鵪鶉早有系統經驗，只因僅供玩樂用，直至近世鵪鶉一般仍是野生。

古代馴養的鷹指同科的鷂、雕、隼等猛禽，由捕獲的雛禽馴習而成。

鷹供獵用早於鵝鴨的馴化，據《禮記·月令》記載，每年夏季為訓練鷹的時期，為秋季出獵做準備。可見至遲在西元前七百年前，鷹已被用於狩獵。

隋煬帝時，應徵到京的鷹師達萬餘人。唐代宮中還設置鷂坊、鷂坊和鷹坊等，與犬馬配合供皇室狩獵用。元代僅大都、真定等京畿地區即設有打捕鷹坊兩千三百多戶，各行省還設有獵戶鷹坊四千四百餘戶，鷹坊官是蒙古族世襲職。

養鷹技術在唐代已相當成熟。乾陵懿德太子墓壁畫中，有三幅鷹鷂傲立在人手臂上的生動圖像；唐《酉陽雜俎》有「取鷹法」一節，《新唐書·藝文志》有《鷹經》一卷，都是重要的養鷹文獻。

鸕鶿至遲在一千多年前已有馴養，用於捕魚。據《隋書·倭國傳》記載，中國養鸕鶿捕魚都見於隋代，實際利用鸕鶿的歷史可能更早，但唐代以後才有較多的記載。

蜀人謂鸕鶿為鳥鬼，臨水邊皆養此鳥，用繩子繫其頸，訓練入水捕魚。法皇路易十三行宮中養過鸕鶿，據說是十七世紀初由耶穌會教士從中國傳去的。

鶴有多種，而以丹頂鶴最珍貴。在中國古代文獻中關於鶴的記載很早。《周易·中孚》說「鶴鳴在陰」，意思是鶴在山的北面鳴叫。《詩經·小雅》有《鶴鳴》二章，也提到鶴。

鶴有「仙鶴」之稱，壽命殊長，歷來把它當作長壽的象徵。雖是野生，也能馴養，而且能與人親近。

養殖史話：古代畜牧與古代漁業
馴養之路 古代畜牧

雉是最古老的獵物之一。傳說少昊氏以鳥紀官，即以雉作為圖騰的標誌。《爾雅》曾根據產地和羽色紋彩的不同，定出各種雉名。漢高祖的呂后名雉，為避諱，從此改稱野雞。

竹雞古稱山菌子，形似鵪鶉。屬雞形目，雉科。該鳥羽色豔麗。

唐代陳藏器《本草拾遺》記載：

山菌子生江東山林，狀如小雞，無尾。

《本草綱目》進一步考證竹雞出於四川、廣東一帶。中國馴化飼養的竹雞曾經被日本引去，後來移植到日本各地。

閱讀連結

鵝是被人們很早就飼養、馴化了的「家禽」，由於它具有體態潔美、性格溫順、忠實主人、通解人意等優點，贏得了許多人的喜愛。歷史上愛鵝最為著名的，就屬東晉時期的大書法家王羲之了。據說他聽說會稽有一個老婦人養了一隻善鳴的鵝，就親自登門觀看。

王羲之非常喜愛鵝，長久地觀察體驗，從鵝的動態中獲取了書法結構布局的靈感，尤其是從鵝長頸的線條動態，得到了運筆、行氣的啟發。養鵝、觀鵝、寫字，王羲之樂此不疲。

六畜興旺 古代獸醫

　　中國古代獸醫的出現和獸醫行業的發展，全程伴隨著古代畜牧業的發生發展史，並逐漸形成了中獸醫學理論完整的學術體系。

　　數千年來，它一直有效地指導著獸醫臨床實踐，並在實踐中不斷得到補充與發展。

　　中獸醫及其學術理論，從先秦時的最初積累開始，中經秦漢至宋元的不斷總結，到明清時最終形成體系，期間遺留的中獸醫學專著十分豐富，對病畜的理、法、方、藥、針以及各種病症各有闡述。此外，相畜學說也在歷史上占有一定地位。

▎先秦時期的獸醫活動

■先秦時期的青銅家畜

中國的畜牧生產出現在有文字記載之前。當畜產品成為人們重要的生活來源時，如果畜群受到疾病的侵襲，人們必然利用已獲得的治人病的知識試治獸病。這樣就產生了原始的獸醫活動。

在先秦時期，是中國獸醫學知識的積累和初步發展的時期。獸醫的活動最先受到人類自身醫療經驗的影響，後來出現了巫與醫並存的現象。

自從西周時專職的獸醫出現後，獸醫活動便開始向更加專業的方向發展了，進入了中國古代獸醫學的奠基階段。

中國是世界四大古醫藥起源地之一，又是世界農業起源中心之一，而獸醫則是兼顧二者的專門職業。隨著畜牧業的生產和發展，原始的獸醫活動成為時代所必需。

中國在很久以前就有獸醫的活動。山東省博物館陳列有大汶口文化遺存中發掘出來的骨針，共有大小不一的六枚。

這些骨針一端尖銳，一端粗圓，並無針眼，骨錐長的十四公分，短的七八公分，形似獸醫用的圓利針。

考古專家認為，這些骨針是用家畜骨磨製成的，是畜牧生產的副產品，由此說明該時期以針灸治畜病是有根據的。

傳說黃帝時期，有馬師皇善治馬病，曾用針灸唇下及口中，並以甘草湯飲之治癒畜病。

事實上，獸醫藥物就是在人體用藥的基礎上，加上對動物的直接觀察而開始被應用的。

從《黃帝內經·素問·異法方宜論》可知，中國在古代便提出了因地制宜的醫療經驗。如該書中指出：東方的砭石，南方的九針，北方的灸療，西方的藥物等，這些都是根據當地實際情況，就地取材治療畜病。並對原始獸醫藥因地制宜、防治家畜疾病，也曾產生過影響。

夏商時期，中國進入奴隸社會。由於人們這時已經獲得了一定的自身療病經驗，所以就把治病人的經驗借鑑到醫治病畜的活動中。

這一時期，出現了巫和醫同時存在的現象。在古代，巫是一個崇高的職業，被認為是通天徹地的人。戰國以前，醫被操於巫之手，醫、巫不分，巫就是醫，醫就是巫。因此，「醫」字從「巫」而作「毉」，又以「巫醫」為稱，因為巫本掌握有醫藥知識，並常採藥以用，特以舞姿降神的形態祈福消災，為人治病。

巫之為人治療疾病，由來已久。宋代李昉等學者奉敕編纂的類書《太平御覽·方術部二·醫一》，曾經引用記載上古

養殖史話：古代畜牧與古代漁業
六畜興旺 古代獸醫

帝王、諸侯和卿大夫家族世系傳承的史籍說：「巫咸，堯臣也，以鴻術為帝堯之醫。」巫咸是占卜的創始者，堯帝的大臣，他憑藉高超的方術為舜帝治病。

遠古時期的巫醫是一個具有兩重身分的人，既能交通鬼神，又兼及醫藥，是比一般巫師更專門於醫藥的人物。殷周時期的巫醫治病，從殷墟甲骨文所見，在形式上看是用巫術，造成一種巫術氣氛，對患者有安慰、精神支持的心理作用，真正治療身體上的病，還是藉用藥物，或採取技術性治療。

巫醫的雙重性決定了其對醫藥學發展的參半功過。到後來的春秋時，巫醫正式分家，從此巫師不再承擔治病救人的職責，只是問求鬼神，占卜吉凶。而大夫也不再求神問鬼，只負責救死扶傷，懸壺濟世。

河北藁城商代遺址中發掘出郁李仁、桃仁等中藥證明當時巫和醫是並存的。甲骨文中還有一些象徵去勢的字，表明殷商的畜牧生產已對家畜產品作品質的改進。

商代的獸醫已利用青銅針、刀進行外科手術。安陽殷墟婦好墓出土的玉牛，鼻中隔上穿有小孔，表示已發明了穿牛鼻技術。

西周時，專職獸醫開始出現。當時，家畜去勢術有進一步的發展。在《周易》中，已指明去勢的公豬性情已變得溫順。

據《周禮·夏宮》記載，朝廷每年早春即下達「執駒」，而在夏天則「頒馬攻特」，即將不作種用的公馬定期進行去勢。

《周禮》等古文獻中記載有一百多種人畜通用的天然藥物及採集草藥的時期。

■秦始皇兵馬俑戰車

　　在西周時期，有一位畜牧獸醫名人造父。他具有高深的獸醫技術，善治馬病，留下了刺馬頸放血為馬解除暑熱的傳說。放血療法是中國中獸醫學的傳統療法之一。

　　春秋戰國時期，畜牧獸醫的科學技術有了較大的發展。尤其是戰國時期，已有專門診治馬病的「馬醫」。馬醫是專治馬病的獸醫。

　　據《列子·說符》記載，齊國有個窮人，經常在城中討飯。城中的人討厭他經常來討，沒有人再給他了。於是他到了田氏的馬廄，「從馬醫作役而假食」，就是跟著馬醫幹活而得到一些食物。

　　春秋戰國時期獸用藥物，也在根據人用藥物進行分類。當時人藥物分草、木、蟲、石、穀五類，並分為以五毒攻病、

五味調病、五氣節病、五穀養病等治療原則。這些經驗，常常被獸醫尤其是馬醫所借鑑。

當時的馬醫在治療馬的內科病時，已經掌握了用水煎劑灌服的技術，還掌握了外科病用塗敷藥或去其壞死組織的辦法。

事實上，中國最早記有「獸醫」一詞，就出現在戰國時期的《周禮》，其中記載：

獸醫掌療獸病，療獸瘍。凡療獸病，灌而行之，以節之，以動其氣，觀其所發而養之。凡療獸瘍，灌而行之，以發其惡，然後藥之，養之，食之。

意思是說：獸醫的職掌是治療內外科獸病。治療內科病，採用口服湯藥，緩和病勢，節制它的行動，藉以振作它的精神，然後觀察它的表現和症狀，妥善調養。治外科病，也是服藥，並且要手術割治，把膿血惡液排除，然後再用藥治，讓它休養，並注意調養。

這個記載說明，戰國時期的獸醫技術已經比較發達，不僅已經有了內科外科的區分，而且制訂了診療程式，並且重視護理。

閱讀連結

西周畜牧獸醫造父不但獸醫技術高深，還以善於駕車著名。傳說他在桃林一帶得到八匹駿馬，調訓好後獻給周穆王。周穆王配備了上好的馬車，讓造父為他駕駛，經常外出打獵、遊玩。

有一次西行至崑崙山，見到西王母，樂而忘歸，而正在這時聽到徐國徐偃王造反的消息，周穆王非常著急。在這關鍵時刻，造父駕車日馳千里，使周穆王迅速返回了鎬京，及時發兵打敗了徐偃王，平定了叛亂。

由於造父立了大功，周穆王便把趙城賜給他，自此以後，造父族就稱為趙氏，為趙國始族。幾十年後，造父的侄孫子非子又因功封於犬丘，為之後秦國始祖。

▌秦漢至宋元獸醫的發展

秦漢至宋元，時間跨度漫長，科技進步巨大，是中國封建社會發展的重要時期。獸醫行業在此期間有了極大發展，取得了歷史性成就，在中國獸醫獸藥史上占有重要地位。

秦漢至宋元時期，是中獸醫學知識不斷總結和學術體系形成及發展的時期。秦漢時「牛醫」的出現和《神農本草經》的問世，標誌著獸醫技術的進一步發展。

魏晉南北朝時期，北方遊牧民族入主中原，使畜牧業有進一步發展。宋金元時期，是中國獸醫技術和學術以補充、闡釋為主的發展階段，同時開獸醫院之先河。

秦漢時期，民間不僅有專治馬病的馬醫，當時還出現了因耕牛的發展而出現專職的「牛醫」。秦代已制定畜牧獸醫法規《廄苑律》，在漢代改名《廄律》。

東漢末期出現了《神農本草經》，該書收藏藥物三百六十五種，它是中國最早的一部人畜通用的藥學專著。

養殖史話：古代畜牧與古代漁業
六畜興旺 古代獸醫

《神農本草經》依循《黃帝內經》提出的「君臣佐使」的組方原則，也將藥物以朝中的君臣地位為例，來表明其主次關係和配伍的法則。

《神農本草經》對藥物性味也有了詳盡的描述，指出寒熱溫涼四氣和酸、苦、甘、辛、鹹五味是藥物的基本性情，可針對疾病的寒、熱、濕、燥性質的不同選擇用藥。

寒病選熱藥，熱病選寒藥，濕病選溫燥之品，燥病須涼潤之流，相互配伍。並參考五行生剋的關係，對藥物的歸經、走勢、升降、浮沉都很瞭解，才能選藥組方，配伍用藥。

《神農本草經》中有些藥指明專用於家畜。在《居延漢簡》、《流沙墜簡》以及《武威漢簡》中，均有醫治馬牛病的處方。

漢中山墓中出土了治病用的金針、銀針和鐵製的九鍼。《鹽鐵論》中已提到用皮革保護馬蹄。

從長沙漢墓中還發現《相馬經》。根據史書記載，漢代還出現銅製的良馬標準模型，立於京城東門外，有馬援製的銅馬模式。

魏晉南北朝時期，北方遊牧民族入主中原使畜牧業有進一步的發展，為畜牧業服務的獸醫學隨之有進一步的發展和提高。

東晉名醫葛洪著的《肘後備急方》中有治六畜諸病方，對馬驢役畜的十幾種病提出了療法。從用灸熨術治馬羯、臕脹等，可知當時針灸治療的廣泛應用，當時已提出試圖用狂犬的腦組織敷咬處治狂犬病。

北魏賈思勰著《齊民要術》一書，其中有畜牧專卷，並附一些供牧人等採用的應急療法、療方四十八種，應用於六十二種疾病。

如用掏結術治糞結，用削蹄和熱燒法治漏蹄，用無血的去勢法為羊去勢，犍牛法閹割公牛，給豬去勢以防感染破傷風症的方法，以及關於家畜大群飼養時怎樣防治疫病的發生和進行隔離措施，反映了當時的獸醫技術水平已相當高。

隋代獸醫學的分科已經更加完善，而且在病症的診治、藥方和針灸等方面都有專著。隋代開始設立獸醫博士，唐代因循隋制，在太僕寺中設獸醫博士四人，教育生徒百人。

另外，在太僕寺系統中設獸醫六百人。

由於唐代有一個完整的獸醫教育體制和獸醫升遷制度，使唐代的獸醫學術得到迅速發展。

唐代的司馬李石採集當時的重要獸醫著作，編纂成《司牧安驥集》四卷。前三卷為醫論，後一卷為藥方，又名《安驥集藥方》。

《安驥集藥方》是中國現存最古的獸醫學專著，也是自唐到明約一千年間獸醫必讀的教科書。書內共錄藥方一百四十四個，按功效分為十五類，分類方法尚未達到五經分類的水平。

該書對於中國獸醫學的理論及診療技術有著比較全面的系統論述，並以陰陽五行作為說理基礎，以類症鑑別作為診斷疾病的基礎，八邪致病論是疾病發生的原因，臟腑學說是家畜生理病理學的基礎。

養殖史話：古代畜牧與古代漁業

六畜興旺 古代獸醫

　　為了保障畜牧業的發展，唐代制定有保護牲畜的法規。少數民族集中的邊疆地區，獸醫學有新的發展。在西藏且出現了藏獸醫，著作有《論馬寶珠》、《醫馬論》等。在新疆吐魯番的唐墓中曾發掘出《醫牛方》。

　　唐高宗時頒布中國人畜通用藥典《新修本草》，內載藥物八百四十四種，並有標本圖譜。它是世界是最早的藥典。

　　日本獸醫平仲國等於唐貞元年間來中國長安留學，回國後對日本獸醫界產生深遠影響，形成「仲國流」的獸醫學派。

　　宋金元時期中國獸醫學是以補充、闡釋為主的發展階段。北宋採用唐代的監牧制度，並在西元一〇〇七年設置專門醫治病馬的機構，這是中國獸醫院的開端。

　　西元一一〇三年，宋朝規定病死馬屍體送「皮剝所」，類似屍檢的剖檢機構。這是中國官辦最早的獸醫專用藥房。

　　據《宋史·藝文志》記載，宋代有《伯樂針經》、《安驥集》、《安驥集藥方》、《賈𪙊醫牛經》、《賈樸牛馬》、《馬經》等有關獸醫的著作。

　　元朝是以牧起家，對牲畜疫疾的防治相當注意。元代的《痊驥通玄論》中，有闡釋治療馬糞結症的起臥入手歌，對結症的診斷治療有明顯的發展和提高。其中，《點痛論》總結出診斷馬肢蹄病的跛行診斷法，是創新的總結。

　　《痊驥通玄論》還進一步闡釋發展了五臟論等中獸醫基礎理論，為傳統中獸醫學的發展和提高做出了貢獻。

東漢開國功臣之一的馬援曾經在位於現在甘肅慶陽西北的地郡畜養牛羊。時日一久，不斷有人從四方趕來依附他，他手下就有了幾百戶人家，他就帶著這些人遊牧於現在的甘肅、寧夏、陝西一帶。

馬援種田放牧，能夠因地制宜，多有良法，因而收穫頗豐。當時，共有馬、牛、羊幾千頭，穀物數萬斛。

馬援過的雖是遊牧生活，但胸中之志並未稍減。他常常對賓客們說：「大丈夫立志，窮當益堅，老當益壯。」

後來，他追隨漢光武帝劉秀，立下赫赫戰功。

明清時期獸醫學成就

■獸醫看病圖

在明清時期，是中國封建社會發展的高峰時期，科技方面不乏集大成者，而中獸醫學領域在繼承和總結前代成果的

養殖史話：古代畜牧與古代漁業
六畜興旺 古代獸醫

同時，在某些方面也取得了十分豐碩成果。這些獸醫學成果是中國獸醫學寶庫中一個重要組成部分。

在這一時期，編著刊行了許多中獸醫學的著作，形成了中國古代中獸醫學術體系。在中獸醫方劑學、傳統獸醫針灸學、家畜傳染病和寄生蟲病的防治、獸醫外科等方面頗有建樹。

明朝廷對獸醫學的發展給予較大的重視。《永樂大典》有彙編成的《獸醫大全》，成化年間兵部編纂了《類方馬經》六卷，後來太僕寺卿楊時喬主編了《馬書》十四卷和《牛書》十二卷。

明朝廷由於政治軍事上的需要，大力開展在長江下游六府二州養馬，並幾次規定要培訓基層獸醫，名獸醫喻本元、喻本享等就是在此條件下出現的。

喻本元、喻本亨兄弟二人合著的《元亨療馬集》、《元亨療牛集》，於西元一六〇八年刊刻問世，由兵部尚書丁賓作序。書中的理論體系和臨床實踐緊密結合，以指導臨床實踐，成為自明以後馬疾治療學的經典著作，影響深遠。

朝鮮人趙浚等根據元代中獸醫書編成《新編集成馬醫方》和《新編集成牛醫方》，成書於西元一三九九年，現存版本為西元一六三三年版。此書罕見，可謂一套珍貴資料。

此兩部醫方是趙浚等集體用漢文編寫的。著書中引證了不少中國的古獸醫經典著作，約七萬字，全書共為六十四小節，附圖四十七幅。內容包括馬醫方及牛醫方兩大部分，內容豐富。

比如馬醫方內容，有良馬相圖、良馬旋毛之圖、相馬捷法、相齒法、養馬法等畜牧方面的內容，還有放血法、點痛論、姜牙論、十八大病、五勞論等獸醫方面的內容。

　　清代初期，由於農耕需要牛，牛病學得到較大發展。西元一六六七年重刻《元亨療馬集》時，將《水黃牛經合併大全集》和《駝經》併入成為一書，就是適應當時的時勢要求。

　　後來重編時加上《安驥集》等古書的部分內容，刪去《碎金四十七論》中的二十一論，編成馬經大全六卷，牛經大全二卷，駝經一卷，命名為《馬牛駝經全集》，近代流行的多是這部書。因由許鏘作序，內容主要來自《元亨療馬集》，簡稱「許序本」。

　　西元一七五八年，清代醫藥學家趙學敏編著的《串雅》，分《串雅內編》和《串雅外編》。是中國歷史上第一部有關民間走方醫的專著，揭開了走方醫的千古之祕。其中的《串雅外編》還特列出醫禽門、醫獸門和鱗介門。

　　清乾隆時期獸醫學家郭懷西，於西元一七八五年著《新刻註釋馬牛駝經大全集》。這本書對《牛經大全》進行全面的修改和補充，雖名「註釋」實際上是新作。此書繼承並發展了《元亨療馬集》的內容，在中國畜牧獸醫史上占有重要地位。

　　《新刻註釋馬牛駝經大全集》是對《元亨療馬集附牛駝經》的註釋本，簡稱《大全集》。縱觀兩書全貌，可以看出，《大全集》是作者結合五十餘年醫療實踐，對《元亨集》進行大量刪改、補充。

養殖史話：古代畜牧與古代漁業

六畜興旺 古代獸醫

綜合了以前丁序、許序等版本的內容，又增列、貫注了《黃帝內經》、《通元論》、《淵源塞要》、《療驥全書》、《安驥全集》等內容，從而在深度和廣度上發展了《元亨集》，反映了清代中國獸醫學發展概貌。

清乾隆朝太僕寺正卿李南暉編寫的《活獸慈舟》以黃牛、水牛病為核心，且選編了馬病篇、豬病篇、羊病篇、狗病篇、貓病篇。

清代嘉慶初年，著名中獸醫傅述風於西元一八○○年編著的《養耕集》問世，對牛體針灸術有進一步的補充和發展。全書著重記載了作者數十載的實際診療經驗，並繼承和發揚了中獸醫的傳統思想和方法，不論在理論上或在臨床經驗上均有獨到見解，對當時及後世獸醫學發展都產生了較大影響。

《養耕集》分上下兩集，上集講針法，下集備錄方藥。針不能到者，以藥到除病；藥不能及者，以針治病；針藥兼施，相得益彰。

《養耕集》上集中對牛體針灸穴位圖作了修正和補充，並分述四十多個穴位的正確位置、入針深淺和手法，以及各穴主治的病症。

還分別論述了吊黃法、破牛黃法、火針法、燙針法、透火針法、皮風發表針法、出血針法、咳嗽針法、失中腕針法、治拓腮黃針法等二十餘種對應的特殊針灸方法。

在此書問世前，中國僅有一幅「牛體穴位名圖」，缺乏文字敘述，本書填補了這個空白，使牛體針灸學形成一完整體系。

《養耕集》下集列病症九十八種和各症的方藥治法。方中常選用幾味當地的草藥，並根據鄱陽湖地區氣候變化開列四季藥物統治的處方。

　　在《養耕集》之後，《牛醫金鑒》、《抱犢集》、《牛經備要醫方》、《大武經》、《牛馬捷經歌》等方書相繼出現。隨著當時養豬業發展的需要，《豬經大全》也編成刊行。

　　至此，中國中獸醫的醫療對象已擴展到各種家畜和家禽。中獸醫學的特有理法方藥體系和辨證施治原則且得到進一步的深化和發展，並形成了中國古代完整的中獸醫學術體系。

　　明清時期，除了編著刊行許多中獸醫學著作以外，在中獸醫方劑學、傳統獸醫針灸學等方面也頗有建樹。

　　中獸醫方劑學在明清兩代發展到了高峰。乾隆以後，中獸醫診療對象由馬轉向牛，以治療馬病為主的馬劑方書衰落了，代之而起的是以治療牛病為對象的療牛方劑書的大量湧現。

　　比如《新編集成馬醫方》，這是目前人們所知的第一部由朝鮮人編輯的中獸醫著作。

　　再如《新編註釋馬駝經大全集》，其中「臨時變通」的處方方法是獸醫方劑學理論的一大突破，在獸醫方劑發展史上占有重要的地位，對後世處方藥產生了很大影響，發展和完善了中獸醫方劑理論。

　　在傳統獸醫針灸學方面，明清時期達到鼎盛，從理論到實踐有明顯的突破和較大的發展。馬體針灸在明代發展較突出，牛體針灸在清代發展較突出。

養殖史話：古代畜牧與古代漁業

六畜興旺 古代獸醫

　　比如《元亨療馬集》，其中的針灸治療方法已採用組穴，有協同作用和相輔相成。再如《養耕集》，它對各穴位置和主治病症均有明確記載。對多種病症設立針法，並對牛的特有病設立針法。

　　對家畜傳染病和寄生蟲病的防治，明清時期也有很多成就。中國傳統醫藥學在明代進入全面總結和創新時期，有許多著名著作問世。

　　獸醫對家畜傳染病的認識有進一步發展，雖未形成專論和專著，但對那些能獲得治療效果或痊癒的傳染病，有獨到的見解和治法。

　　清代，中獸醫對馬病的防治經驗由於內地保留一定數量的馬而被延續。由於牛耕的發展，對牛病的醫療和防治較前有了明顯的發展和提高。

　　明代時期對寄生蟲的認識發展不大，仍以肉眼可見的外寄生蟲為主。明清時期主要對蟯蟞、牛眼蟲、胃腸道寄生蟲以及虱的研究有所發展。

　　至於明清時期的獸醫外科，獸醫本草學在明代仍然與人醫不分。獸醫外科學在明代仍以針刀巧治十二種病為主，對各種家畜家禽的雄性去勢，對母畜摘除卵巢術，特別是大小母豬摘除卵巢術已普遍施行。

　　明代的獸醫外科在元代的基礎上有進一步的發展和成就。關於外科手術，明代總結出十二種巧治法，即十二種外科手術療法。

在明代始見的有腹腔三種手術療法。肛門、尿道兩種手術療法。古人把獸醫外科手術列在針灸療法中，反映獸醫外科學的發展當時尚未達到成熟階段。

清朝於一九〇五年始建的京師大學堂的農科大學，當時在專科專業設置方面，有獸醫寄生蟲學與寄生蟲病學、獸醫內科學、獸醫外科學、獸醫病理學、傳染病學與預防獸醫學、獸醫藥理學與毒理學、中獸醫學等。

其中的獸醫外科學，主要包括獸醫外科手術和獸醫外科疾病兩部分內容。可見較明代已有顯著發展。

此外，明清時期的獸醫已經有較為成熟的養馬保健意識。比如明代實行「看槽養馬」的保健制度，每群馬配一名專職獸醫。獸醫首先須鑑別馬群中的病馬，並將其剔除出來，然後辨別是何病何症，對症下藥。

閱讀連結

清代醫學家趙學敏的父親曾任永春司馬，遷龍溪知縣，趙學敏承父命讀儒學醫。

趙學敏年輕時，無意功名，棄文學醫，對藥物特別感興趣，廣泛採集，並將某些草藥作栽培、觀察、試驗。他除了著成《串雅》一書外，還著有《本草綱目拾遺》十卷。

《本草綱目拾遺》全書按水、火、土、金、石、草、木、藤、花、果、穀、蔬、器用、禽、獸、鱗、介、蟲分類，輯錄《本草綱目》中未收載的藥物共七百一十六種，極大地豐富了中國古代的中藥學的內容。

▌起源古老的相畜學說

■古代良馬瓷器

相畜學說在中國是一門古老的科學，它的起源遠在沒有文字記載以前。古時根據牲畜的外形來判斷牲畜的生理功能和生產性能，以此作為識別牲畜好壞和選留種畜的依據，是古時相畜學說的主要內容。

相畜屬於以自然選擇為基礎的經驗型人工選擇。在中國古代的相畜學家有很多，如春秋時期的寧戚和孫陽，漢代的滎陽褚氏，唐代的李石等，他們都編寫了許多相畜專著。古時的相畜學說對於後世家畜品質的提高，造成了很大的促進作用。

春秋戰國時期，由於諸侯兼併戰爭頻繁，軍馬需要量與日俱增，同時也迫切要求改善軍馬的質量。當時也是生產工具改革和生產力迅速提高的一個時期，由於耕牛和鐵犁的使用，人們希望使用拉力比較大的耕畜。

這種情況，促進了中國古代相畜學說的形成和發展。春秋戰國時期已經有很多著名的相畜學家，最著名的要算春秋時期衛國的寧戚了。

寧戚著有《相牛經》，為中國最早畜牧專著，這部書雖早已散失，但它的寶貴經驗一直在民間流傳，對後來牛種的改良起過很大作用。

寧戚對牛是情有獨鍾的，他餵過牛，仕齊後又大力推行牛耕代替人耕技術，提高了耕作效率，促進了農業發展。

齊國豐富的養牛經驗，帶動了養牛業的發展。戰國時，齊將田單被困在即墨，竟能在久困的城內收得千餘頭牛，以火牛陣打破燕軍，足見當時平度養牛業的發達。

寧戚以《飯牛歌》說齊桓公，其中就有「從昏飯牛至夜半，長夜漫漫何時旦」的詞句。「飯牛」就是餵養牛的意思。常言道：「蠶無夜食不長，馬無夜草不肥。」大牲畜要在夜裡添芻料，寧戚的歌反映了齊地所積累的養牛經驗。

與相牛相比，春秋時期的相馬的理論和技術成就更大，有過很多相馬學家。而當時的伯樂就是中國歷史上最有名的相馬學家，他總結了過去以及當時相馬家的經驗，加上他自己在實踐中的體會，寫成《相馬經》，奠定了中國相畜學的基礎。

伯樂的真實姓名叫孫陽，是春秋時期郜國人。在當時的傳說中，有一個天上管理馬匹的神仙叫伯樂。由於孫陽對馬的研究非常出色，人們便忘記了他本來的名字，乾脆稱他為伯樂。

養殖史話：古代畜牧與古代漁業

六畜興旺 古代獸醫

　　春秋時期隨著生產力的發展和軍事的需要，馬的作用已十分凸顯。當時人們已將馬分為六類，即種馬、戎馬、齊馬、道馬、田馬、駑馬，養馬、相馬遂成為一門重要學問。孫陽就是在這樣的歷史條件下，選擇了相馬作為自己終生不渝的事業。

　　孫陽從事相馬這一職業時，還沒有相馬學的經驗著作可資借鑑，只能靠比較摸索、深思探究去發現規律。孫陽學習相馬非常勤奮，《呂氏春秋·精通》記載：

　　孫陽學相馬，所見無非馬者，誠乎馬也。

　　少有大志的孫陽，認識到在地面狹小的郜國難以有所作為，就離開了故土。歷經諸國，最後西出潼關，到達秦國，成為秦穆公之臣。

　　當時，秦國經濟發展以畜牧業為主，多養馬。特別是為了對抗北方牧人剽悍的騎士，秦人組建了自己的騎兵，因此對養育馬匹、選擇良馬非常重視。

　　孫陽在秦國富國強兵中立下了汗馬功勞，並以其卓著成績得到秦穆公信賴，被秦穆公封為「伯樂將軍」，隨後以監軍少宰之職隨軍征戰南北。伯樂在工作中盡職盡責，在做好相馬、薦馬工作外，還為秦國舉薦了九方皋這樣的能人賢士，傳為歷史佳話。

　　伯樂經過多年的實踐、長期的潛心研究，取得豐富的相馬經驗後，進行了系統的總結整理。他搜求資料，反覆推敲，終於寫成中國歷史上第一部相馬學著作《相馬經》。書中有圖有文，圖文並茂。

伯樂的《相馬經》長期被相馬者奉為經典，在隋唐時代影響較大。後來雖然失傳，但蛛絲馬跡在諸多有關文獻中仍隱隱可見。

《新唐書·藝文志》載有伯樂《相馬經》一卷；唐代張鷟寫的《朝野僉載》、明人張鼎思著《琅琊代醉編·伯樂子》和楊慎著《藝林伐山》中均有大致相同的記載。

到了西漢時期，中國相畜學說已有《相六畜》三十八卷，大多是集春秋、戰國時期相畜專著而成，雖早已失傳，但散見於後世古農書中的有關內容。

漢代滎陽褚氏分別是相豬和相牛的名手。相牛和相禽也有專門著作。後來在山東臨沂縣銀雀山西漢前期古墓中發現的《相狗經》竹簡殘片，也說明了當時相畜技術的發展和對家畜選種的重視。

魏晉時期，相馬術、相牛術有顯著發展。透過馬體外形與內部器官的關係，來鑑別馬匹。相馬之人普遍認為，馬匹的優劣和內部器官有密切關係，而內部器官的狀況又可以從馬體的外形中得到反映，因而提出了一個由表及裡的「相馬五藏法」。

「相馬五藏法」注意到體表外貌與內部器官之間、結構與功能之間的相關性，並由此來推斷馬的特性及其能力，反映了中國古代家畜外形鑑定技術已趨向成熟。

關於牛的品種鑑定，賈思勰的《齊民要術》也有所論述。相牛有詳細的標準：頭不用多肉，臀欲方，尾不用至地……尾上毛少骨多者，有力，膝上縛肉欲得硬

即是說良好的牛，頭部肉不應過多，臀部要寬廣，尾不要長到拖地。尾巴上毛少骨多的，有力。膝上的縛肉要硬實。角要細，橫生、豎生都不要太大。身軀應緊湊。形狀要像「卷」的一樣。

相豬的標準是：好母豬應是嘴巴短面部無軟毛的。可見相牛、相豬的經驗也積累得比較豐富。

《齊民要術》還闡述了對馬的外形鑒定，先是淘汰嚴重失格和外形不良者，再相其餘。實際進行相馬時，不僅要有整體觀念，而且馬體各個部位要有明確的要求。

即「馬頭為王，欲得方；目為丞相，欲得光；脊為將軍，欲得強；腹脅為城郭，欲得張；四下為令，欲得長」。這五句話非常生動形象地概括了良馬的標準形象。

隋唐時期的相畜理論和相畜技術都有了重要發展。唐代的相馬術，在歷代相馬理論和實踐的基礎上，更有顯著進步。李石著的《司牧安驥集》認為，相馬的要領是掌握相眼的技術，若為「龍頭突目」，則屬好相，一定是良驥。

《司牧安驥集·相良馬論》認為，馬體各部位之間的相互關係和內外聯繫，具有統一的整體觀。《司牧安驥集》還指出：看本馬的同時，還要瞭解該馬上代的情況如何，把外形鑒定和遺傳結合起來。

唐代相馬學的進步，還表現在對一些迷信的說法開始採取批評的態度。如《司牧安驥集·旅毛論》認為，馬的旋毛，本不足奇，根據旋毛的位置、方向判斷凶吉，顯然是迷信的說法。

《旋毛論》在一千多年前就能對這種謬論給予嚴正的批判，並指出相馬「當以形骨為先」，其科學精神是了不起的。

唐代以後，五代十國，直到宋元明清各個朝代，中國的相馬理論和實踐，基本上不超出寧戚《相牛經》、伯樂《相馬經》、《齊民要術》、《司牧安驥集》有關篇章的範疇。

閱讀連結

戰國時期趙國的九方皋對相馬有獨到的見解。他曾經受伯樂推薦，為秦穆公相馬三個月，回來報告說已經得到一匹黃色母馬。但結果卻是一匹黑色的公馬。穆公很不高興。

伯樂驚嘆九方皋竟到了這種地步了，他對秦穆公說：「九方皋所看見的是內在的素質，發現它的精髓而忽略其他方面，注意它的內在而忽略它的外表。像九方皋這樣的相馬方法，是比千里馬還要珍貴的。」

那匹馬經過飼養和訓練，果然是一匹天下難得的好馬。

養殖史話：古代畜牧與古代漁業

捕魚為業 古代漁業

捕魚為業 古代漁業

　　中國是世界上最早進行池塘養魚的國家之一。在漁業發展的過程中，中國的先民在魚類養殖、魚類捕撈、捕魚方法、漁具創製等方都積累了豐富的經驗，還編著了很多漁業文獻，這後人留下了寶貴的精神文化遺產。

　　中國的漁業文明不僅指導了當時和後世的漁業實踐，而且也對世界漁業的發展和人類文明的進步做出了重要的貢獻。

▌年代久遠的魚類養殖業

■新石器時期的抱魚陶人

　　中國是世界上最早養魚的國家之一，以池塘養魚著稱於世。一般認為池塘養魚始於商代末年。《詩經·大雅·靈台》記敘周文王遊於靈沼，見其中飼養的魚在跳躍的情景。這是池塘養魚的最早記錄。

　　從天然水體中捕撈魚類，到人工建池養殖魚類，是漁業生產的重大發展。隨著漁業的發展，養魚的種類逐漸增多。

　　同時，在魚池建造、放養密度、搭配比例、魚病防治等方面，積累了豐富的經驗，為中國近代養魚奠定了牢固的基礎。

　　中國養魚歷史悠久，有關養魚的起始年代主要有兩種說法：一種是認為始於商代末年，還有一種是始於殷末，依據是殷墟出土的甲骨卜。

殷墟出土的甲骨卜辭上載有：「貞其雨，在圃漁」，意思是指在圃圃的池塘內捕撈所養的魚。以此推斷，中國養魚至少始於西元前十二世紀。

戰國時期，各地養魚普遍展開，池塘養魚發展到東部的鄭國、宋國、齊國，還有東南部的吳、越等國，養魚成為富民強國之業。

《孟子·萬章上》中記載，有人將鮮活魚送給鄭國的子產，子產使管理池塘的小使將魚養在池塘裡。東晉散騎常侍常璩《華陽國志·蜀志》也說，戰國時期的張儀和張若築成都城，利用築城取土而成的池塘養魚。

這時的養魚方法較為原始，只是將從天然水域捕得的魚類，投置在封閉的池沼內，任其自然生長，至需要時捕取。

據西漢史學家司馬遷的《史記》、東漢史學家趙曄的《吳越春秋》等史籍記載，春秋末年越國大夫范蠡曾養魚經商致富，相傳曾著《養魚經》。該書反映了春秋時期養魚技術的若乾麵貌。

西漢開國後，經六十餘年的休養生息，獎勵生產，社會經濟有了較大的發展，至漢武帝初年，養魚業進入繁榮時期。

司馬遷《史記·貨殖列傳》說，臨水而居的人，以大池養魚，一年有千石的產量，其收入與千戶侯等同。

當時主要養魚區在水利工程發達、人口較多的關中、巴蜀、漢中等地。經營者有王室、豪強地主以及平民百姓。養殖對象從前代的不加選擇，變成以鯉魚為主。

養殖史話：古代畜牧與古代漁業
捕魚為業 古代漁業

　　鯉魚具有分佈廣、適應性強、生長快、肉味鮮美和在魚池內互不吞食的特點。同時有著在池塘天然繁殖的習性，可以在人工控制條件下，促使鯉魚產卵、孵化，以獲得養殖魚苗。魚池通常有數畝面積，池中深淺有異，以適應所養大小個體鯉魚不同的生活習性。

　　在養殖方式上，常與其他植物兼作，如在魚池內種上蓮、茨，以增加經濟收益並使鯉魚獲得食料來源。

　　湖泊養魚也始於西漢。葛洪在《西京雜記》中說，漢武帝在長安築昆明池，用於訓練水師和養魚，所養之魚，除供宗廟，陵墓祭祀用外，多餘的在長安市上出售。

　　中國的稻田養魚歷史悠久，考古發掘和歷史文獻表明，至遲東漢時期，中國已經開始進行稻田養魚。巴蜀地區農民利用夏季蓄水種稻期間，放養魚類。

　　事實上，稻魚共生系統是一種典型的生態農業模式。在這個系統中，水稻為魚類提供庇蔭和有機食物，魚則發揮耕田除草、鬆土增肥、提供氧氣、吞食害蟲等多種功能，這種生態循環大大減少了系統對外部化學物質的依賴，增加了系統的生物多樣性。

　　歷經千餘年的發展形成了獨具特色的稻魚文化，不僅蘊含豐富的傳統農業知識、多樣的稻魚品種和傳統農業工具，還形成了獨具特色的民俗文化、節慶文化和飲食文化。極大地豐富了中國傳統文化。

　　東漢的養魚方式還有利用冬水田養魚。這種冬水田靠雨季和冬季化雪貯水漚閒期間的蓄水養魚。

在漢代養魚業發達的基礎上，出現了中國最早的養魚著作《陶朱公養魚經》。該書的成書年代有不同看法，有人認為是春秋珍年越國政治家范蠡所作，一般認為約寫成於西漢末年。

從賈思勰《齊民要術》中，得知其主要內容包括選鯉魚為養殖對象、魚池工程、選優良魚種、自然產卵孵化、密養、輪捕等。

自三國至隋代，養魚業曾一度衰落，到了唐代又趨興盛。唐代仍以養鯉魚為主，大多採取小規模池養方式。

唐代養殖技術主要繼承漢代的，但這時已人工投餵飼料，以促進池魚的快速生長。隨養鯉業的發展，魚苗的需要量增多，到唐代後期，嶺南出現以培養育魚苗為業的人。當時嶺南人採集附著於草上的鯉魚卵，於初春時將草浸於池塘內，旬日間都化成小魚，在市上出售，稱為魚種。

唐昭宗時，嶺南漁民更從西江中捕撈魚苗，售予當地耕種山田的農戶，進行飼養。居住在新州、瀧洲的農民，將荒地墾為田畝等到下春雨田中積水時，就買草魚苗投於田內，一兩年後，魚兒長大，將草根一併吃盡，便可開墾為田，從而取得魚稻雙豐收。

宋元明清時期主要飼養青魚、草魚、鰱魚和鱅魚，在養殖技術上有較大程度的提高，養殖區域也隨時間在不斷擴展。這是中國古代養魚的鼎盛時期。

北宋年間，長江中游的養魚業開始發展，九江、湖口漁民築池塘成魚，一年收入，少者幾千緡，多者達數萬緡。

養殖史話：古代畜牧與古代漁業

捕魚為業 古代漁業

南宋時期，九江成為重要的魚苗產區，每適初夏，當地人都捕撈魚苗出售，以此圖利。販運者將魚苗遠銷至今福建、浙江等地，同時形成魚苗存在、除野、運輸、投餌及養殖等一系列較為成熟的經驗。

會稽、諸暨以南，大戶人家都鑿池養魚。每年春天，購買九江魚苗飼養，動輒上萬。養魚戶這時將鱅魚、鰱魚、鯉魚、草魚、青魚等多種魚苗，放養於同一魚池內，出現最早的混養。

宋代還開始飼養與培育中國特有的觀賞魚金魚。隨養魚業的發展，這時開始進行魚病防治。

元代的養魚業因戰爭受到很大影響。在這種情況下，元代大司農司下令「近水之家，鑿池養魚」。農學家王禎的《農書》刊行對全國養魚也起了促進作用。書中輯錄的《養魚經》，介紹了有關魚池的修築、管理，以及飼料投餵等方法。

明代主要養魚區在長江三角洲和珠江三角洲，養殖技術更趨完善，在魚池建造、魚塘環境、防治泛塘、定時定點餵食等方面，有新的發展。

養魚池通常使用兩三個，以便於蓄水、解泛和賣魚時去選魚。池底北面挖得深些，使魚常聚於此，多受陽光，冬季可避寒。

明代後期，珠江三角洲和長江三角洲還創造了桑基魚塘和果基魚塘，使稻、魚、桑、蠶、豬、羊等構成良性循環的人工生態系統，從而提高了養魚區的經濟效益和生態效益。

混養技術也有提高，在同一魚池內，開始按一定比例放養各種養殖魚類，以合理利用水體和經濟利用餌料，有利於降低成本，提高產量，增加收益。

　　河道養魚也始於明代。這種養殖方式的特點是將河道用竹箔攔起，放養魚類，依靠水中天然食料使魚類成長。明嘉靖時期，三江閘建成，紹興河道的水位差幅變小，為開發河道養魚創造了條件。

　　池養也見於明代。松江漁民在海邊挖池養殖鯔魚，仲春在潮水中捕體長寸餘的幼鯔飼養，至秋天即長至尺餘，腹背都很肥養。

　　清代養魚以江蘇、浙江兩省最盛。其次是廣東。江蘇的養魚區主要在蘇州、無錫、崑山、鎮江、南京等地。浙江養魚以吳興菱湖最著名，嘉興、紹興、蕭山、諸暨、杭州、金華等地都是重要的養魚區。

　　廣東的養魚區主要在肇慶、南海、佛山。其他如江西、湖北、福建、湖南、四川、安徽、臺灣等省，也有一定的養殖規模。養魚技術主要承襲明代的，但在魚苗飼養方面有一定發展。

　　明末清初著名學者屈大均《廣東新語·鱗語》說，西江漁民將捕得的魚苗分類撇出，出現了最早的撇魚法。

　　在浙江吳興菱湖，漁民利用害魚苗對缺氧的忍耐力比養殖魚苗小的特點，以降低不中含氧量的方法，將害魚苗淘汰，創造了擠魚法。

養殖史話：古代畜牧與古代漁業

捕魚為業 古代漁業

除了魚類外，中國古代還有牡蠣、蚶子和縊蟶。牡蠣早在宋代已用插竹法養殖，明清時期養殖更加廣泛。清代廣東採用投石方法養殖，如乾隆年間東莞沙井地區的養殖面積約達兩百頃。

明代浙江、廣東、福建沿海已有蚶子養殖業。在水田中養殖的泥蚶以及天然生長的野蚶，人們已能對兩者正確加以判別。

明代福建、廣東已有縊蟶養殖。《本草綱目》、《正字通》、《閩書》等記述了縊蟶潮間帶養殖的方法。所有這些，都極大地豐富了中國古代水產養殖業。

閱讀連結

古人管理魚塘時，為對付魚鷹來抓魚想了很多辦法。有一個養魚人紮了一個稻草人，讓它穿蓑衣戴斗笠，伸開兩臂，還各拿一根竹竿，然後插在魚塘裡嚇唬魚鷹。

起初，魚鷹以為是真人，只敢在草人上空盤旋。可慢慢就不管用了。養魚人生氣極了，他索性自己打扮成草人站在魚塘裡面。

魚鷹又來時，以為魚塘裡還是原先的假人，就又放心大膽地下來吃魚。養魚人趁著它不注意，一伸手就抓住了魚鷹的爪子。養魚人這樣抓了幾次，魚鷹再也不敢來了。

▌逐漸進步的魚類捕撈業

■原始人養殖場景

　　中國地處亞洲溫帶和亞熱帶地區，水域遼闊，魚類資源豐富，為捕魚業的發展提供了有利條件。

　　早在原始社會的早期發展階段，魚類為人們賴以生存的食物之一。先是在內陸水域和沿海地區捕魚作業，後來逐漸較大規模地向近海發展。

　　在長期的生產實踐中，創造了種類繁多的漁具和漁法。清代末年，隨著西方新技術的傳入，捕魚開始以機器為動力，從傳統的生產方式逐步走向近代化。

　　中國的捕魚業始於一萬八千年前的山頂洞人時期，那時人們除了採集植物和獵取野獸外，還在附近的池沼裡捕撈魚類。當時已能捕獲長約八十公分的大草魚。

　　到了原始社會末期，捕魚生產逐漸在中國南北各地展開。在農作物種植相對較多的地方，捕魚成為重要的副業，而在

養殖史話：古代畜牧與古代漁業

捕魚為業 古代漁業

自然條件對魚的生長有利的地方，捕魚則發展成帶有專業性質的生產。

伴隨著原始捕魚活動，中國古代的捕魚技術也在不斷進步，發明了許多新的漁具，如弓箭、魚鏢、魚叉、魚鉤、漁網、魚笱、魚卡等。

距今約七千年前，居住在今浙江餘姚的河姆渡人，已經使用獨木舟之類的船隻到開闊的水面捕魚。五千年前，居住在今山東膠縣的人們，已經以捕撈海魚為生。

西元前二十一世紀，捕魚仍占有一定比重。在多處夏文化遺址出土的漁具，包括製作較精的骨魚鏢、骨魚鉤和網墜，反映出當時的捕撈生產已有進步。

戰國時魏國史官所作的《竹書紀年》說夏王「狩於海，獲大魚」，表明海上捕魚當時是受重視的一項生產活動。

商代的漁業在農牧經濟中占有一定地位。商代的捕魚區主要在黃河中、下游流域，捕魚工具主要有網具和釣具。

在河南偃師二里頭早商宮殿遺址出土有青銅魚鉤。這枚魚鉤鉤身渾圓，鉤尖銳利，頂端有一凹槽，用以系線，有很高工藝水平。

河南安陽殷商遺址出土的文物中，發現了銅魚鉤，還有可以拴繩的骨魚鏢。出土的魚骨，經鑑別屬於青魚、草魚、鯉、赤眼鱒和鯔，此外還有鯨骨。鯔和鯨都產於海中。

商人捕撈的魚類範圍很廣，有淡水魚類青魚、草魚、赤眼鱒和黃顙魚等，有河口魚類鯔。說明當時的漁具和技術已經很先進了。

周代捕魚有進一步發展，捕撈工具已趨多樣化，有釣具、笱、罩、罶等多種，可歸納為網漁具、釣漁具和雜漁具三大類。此外，還創造了一種漁法，是將柴木置於水中，誘魚棲息共間，圍而捕取。成為後世人工魚礁的雛形。

由於捕撈工具的改進，捕撈魚類的能力也有相應的提高。據《詩經》記載，當時捕食的有魴魚、鰋魚、鱧魚、鯊魚、鯉魚、鮪魚、鰷魚、鱘魚、嘉魚等十餘種，這些魚有中小型的，也有大型的，分別生活於水域的中上層和底層。

網具和竹製漁具種類的增多以及特殊漁具漁法的形成，反映出人們進一步掌握了不同魚類的生態習性，捕魚技術有了很大的提高。

西周開始對捕魚實行管理，漁官稱「漁人」。據《周禮》記載，漁人有：

中士四人，下士四人，府二人，史四人，胥三十人，徒三百人。

已形成一支不小的管理隊全。漁人的職責除捕取魚類供王室需用外，還執掌漁業政令並徵收漁稅。

為保護魚類的繁殖生長，西周還規定了禁漁期，一年之中，春季、秋季和冬季為捕魚季節，夏季因是魚鱉繁殖的季節而不能捕撈。對破壞水產資源的漁具和漁法，同樣也作了限制。

春秋時期，隨著冶鐵業的發展，開始使用鐵質魚鉤釣魚。鐵魚鉤的出現推動了釣魚業的發展。近海捕魚這時也有很大發展，位於渤海之濱的齊國，因興漁鹽之利而富強。

從秦漢到南北朝的七八百年間，人們對魚類的品種和生態習性積累了更多的知識。東漢文字學家許慎《說文解字》所載魚名達到七十餘種。當時對漁業資源也實行保護政策。

漢代隨人口的增長和社會經濟的發展，捕魚業較前代更盛。據東漢史學家班固《漢書·地理志》記載，遼東、楚、巴、蜀、廣漢都是重要的魚產區，市上出現大量商品魚。

捕撈技術也有進步，唐代官員徐堅《初學記》引《風俗通》說，罾網捕魚時已利用輪軸起入，這是最早的使用機械操作。東漢哲學家王充《論衡·亂龍篇》說，當時使用一種模擬魚誘辦法，就是集魚群以使魚上鉤，這是後世擬餌釣的先導。

東漢時期還創造了採用擬餌的新釣魚法，用真魚般的紅色木製魚置於水中，以之引誘魚類上鉤。這種用機械代替人力起放大型網具的方法是一項較突出的成就。

這一時期海洋捕魚也有很大發展。漢武帝時已能製造「樓船」、「戈船」等大戰船，從而推動了海洋捕撈技術的發展，使鮐魚、鯖魚、鯷魚、鱝魚、石首魚等中上層和底層魚類的捕撈成為可能。

魏晉至南北朝，黃河流域歷遭戰亂，捕魚類衰落，在長江流域，東晉南渡後經濟得到開發，漁業也在相應發展。東晉著名學者郭璞《江賦》描述長江捕魚盛況說：

舳艫相屬，萬里連牆，溯洄沿流，或漁或商。

這時出現了一種叫鳴糧的聲誘魚法，捕魚時用長木敲擊船板發出聲響，驚嚇魚類入網。

在東海之濱的上海，出現一種叫滬的漁法，漁民在海灘上植竹，以繩編連，向岸邊伸張兩翼，潮來時魚蝦越過竹枝，潮退時被竹所阻而被捕獲。隨捕魚經驗的豐富，對魚類的游動規律也有一定程度的認識。

唐代的主要魚產區在長江、珠江及其支流，這時除了承用前代的漁具、漁法外，還馴養鸕鷀和水獺捕魚。這是捕撈技術中的新發展。捕撈等。鸕鷀捕魚也已出現。

據代張鷟的筆記小說集《朝野簽載》記載，當時還有木製水獺，口中置有轉動機關，魚餌放在機關中，魚吃餌料時，機關轉動，獺口閉合而將魚捕捉。

唐末，詩人陸龜蒙將長江下游的漁具、漁法作了綜合描述，寫成著名的《漁具詩》，作者在序言中，對各種漁具的結構和使用方法作了概述，並進行分類。這是中國歷史上最早的專門論及漁具的文獻。

宋元明清時期以海洋捕撈為主，出現了捕撈專一經濟魚類的漁業，捕撈海域逐漸上近岸向外海擴展，唐代漁法之多超過歷代，當時的釣具已很完備，有搖釣線的雙輪，鉤上置餌，釣線縛有浮子，可用以在岸上或船上釣魚。還有用木棒敲船發聲以驅集魚類，用毒藥毒魚或香餌誘魚進行同時出現了不少新的漁具和漁法。海洋捕撈方面實行帶有幾隻小船捕魚的母子船作業方式。

養殖史話：古代畜牧與古代漁業

捕魚為業 古代漁業

宋代隨東南沿海地區經濟的開發和航海技術的進步，大量經濟魚類資源得到開發利用，浙江杭州灣外的洋山，成為重要的石首漁場，每年三四月，大批漁船前往采捕，漁獲物鹽醃後供常年食用，也有的冰藏後運銷遠地。

此外，據《遼史·太宗本紀》記載，北宋時遼國契丹人已開始冰下捕魚，契丹主曾在遊獵時鑿冰釣魚；此外還有鑿冰後用魚叉叉魚的作業方法。

馬鮫魚也是當時重要的捕撈對象。使用的漁具有大莆網和刺網等。據南宋文學家周密《齊東野語》載，宋代捕馬鮫魚的流刺網有數十尋長，用雙船捕撈，說明捕撈已有相當規模。

宋代淡水捕撈的規模也較前代為大。比如江西鄱陽湖冬季水落時，漁民集中幾百艘漁船，用竹竿攪水和敲鼓的方法，驅使魚類入網。再如在長江中游，出現空鉤延繩釣，它的釣鉤大如秤鉤，用雙船截江敷設，鉤捕江中大魚。

竿釣技術也有進步，北宋哲學家邵雍《漁樵問答》把竿釣歸納為由釣竿、釣線、浮子、沉子、釣鉤、釣餌 6 個部分構成，這與近代竿釣的結構基本相同。這一時期，位於東北地區的遼國，開始冬季冰下捕魚。

明代海洋捕撈業繼續受到重視，主要捕撈對象仍是石首魚，生產規模比前代更大。

明代人文地理學家王士性《廣志繹》說，每年農曆五月，浙江寧波、臺州、溫州的漁民以大漁船往洋山捕石首魚，寧

波港停泊的漁船長達五千米。這時漁民已觀測到石首魚在生殖期發聲的習性探測魚群，再用網截流張捕。

明代淡水漁具的種類和構造，生動地反映在明文獻學家王圻的《三才圖會》中。該書繪圖真切，充分顯示了廣大漁民的創造性。它將漁具分為網、罟、釣、竹器四大類，很多漁具沿用至今。

又據《直省府志》記載，明代已使用滾鉤捕魚，捕得的鱘小者一百至一百五十公斤，大的五百至一千公斤。

《寶山縣誌》介紹當時上海寶山已有以船為家的專業漁民，使用的漁具有攀網即板罟、挑網、牽拉網、撈網等，半漁半農者則使用撒網、攪網、罩或叉等小型漁具。

當時湖泊捕魚的規模也相當大，山東微山湖、湖南沅江及洞庭湖一帶都有千百艘漁船競捕。太湖的大漁船具六張帆，船長八丈四五，寬二丈五六，船艙深丈許，可見太湖漁業的發達。在東北，邊疆少數民族部落每當春秋季節男女都下河捕魚，冬季主要是冰下捕魚。

中國明代的海洋捕魚業儘管受到了海禁的影響，仍有很大進步，出現了專門記述海洋水產資源的專著，如明末清初官員林日瑞的《漁書》、明代官員屠本畯的《閩中海錯疏》、明末清初文人胡世安的《異魚圖贊》等。

這一時期的漁具種類，網具類有刺網、拖網、建網、插網、敷網，釣具類有竿釣、延繩釣，以及各種雜漁具等。漁具的增多，表明了對各種魚類習性認識的深化，捕撈的針對性增強。

養殖史話：古代畜牧與古代漁業

捕魚為業 古代漁業

　　當時已經出現了有環雙船圍網，作業時有人瞭望偵察魚群。南海還用帶鉤的標槍繫繩索捕鯨。東海黃魚汛時，人們根據黃魚習性和洄游路線，創造了用竹筒探測魚群的方法，用網截流捕撈。聲驅和光誘也是常用的捕漁方法。

　　清初，廣東沿海開始用雙船有環圍網捕魚。圍網深八九丈、長五六十丈，上綱和下綱分別裝有藤圈和鐵圈，貫以綱索為放收。捕魚時先登桅探魚，見到魚群即以石擊魚，使驚回入網。這是群眾圍網捕魚的起始。

　　此後，浙江沿海出現餌延繩釣，釣捕帶魚及其他海魚，漸次發展成浙江的重要漁業之一。

　　內陸水域捕魚也有發展，太湖捕魚所用漁船多至六桅。在邊遠地區，一些特產經濟魚類資源也得到大量開發利用。

　　清末，西方的工業捕魚技術開始傳入中國，光緒年間，江蘇南通實業家張謇，會同江浙官商，集資在上海成立江浙漁業公司，向德國購進一艘蒸汽機拖網漁船，取名「福海」，在東海捕魚生產。這種安裝動力機器的漁船，在航行上不再依靠風力，在生產操作上借助機械的傳導，提高了生產效率。

閱讀連結

　　中國海洋漁船從風帆時代跨入柴油機時代，始於中國近代張謇。一九〇四年，張謇引進了中國第一艘機輪拖網漁船「福海號」從事拖網漁業，掀開了中國動力化漁船的歷史新篇章。

「福海號」船長三十三點三米，寬六點七米，功率五百馬力。該船原名「萬格羅」，是德商的漁輪，江浙漁業公司從青島德商處購下後改名「福海號」。該輪除從事捕撈作業外，還兼負護洋任務，由官府發給快炮一座，後膛槍十支，快刀十把，負責保衛江浙洋面民眾漁船。

▌創造出的多種捕魚方法

■原始人捕魚場景

　　漁業是人類最早的生產活動之一。據考古工作者證實，舊石器時期山西汾河流域的「丁村人」，能夠捕撈到青魚、草魚、鯉魚和螺蚌等；舊石器晚期北京周口店的「山頂洞人」知道抓捕魚、蚌，這說明中國祖先的捕撈能力。至新石器時期，捕魚技術和能力已有一定的發展。

　　在中國出土的古代文物中，從南至北都有魚鈎、魚叉、魚標、石網墜等各種捕魚工具。據考古實物和有關資料考證，中國古代已經有多種捕魚方法。

養殖史話：古代畜牧與古代漁業

捕魚為業 古代漁業

原始人時期，有一種長臂人，最善於用手捕魚，可以單手捕捉魚類，上岸時能兩手各抓一條大魚。這種長臂人捕魚的本領，無疑是長期實踐練就的。

魚是一種很難用手抓到的動物，在水中游動迅速，且魚體非常光滑，徒手去摸魚，捉到魚的機率很小。為了捕到更多的魚，隨著經驗的不斷總結和發展，人們便想出了「竭澤而漁」的辦法。

「竭澤而漁」是原始的捕魚方法。就是把小的水坑、水溝弄乾，把魚一舉捉盡。單從方法上講，這是一個飛躍。如果不是靠「竭澤而漁」的辦法，原始人是不可能一次捕到好多魚的。在最初，這種「竭澤而漁」很可能是一種相當普遍採用的方法。

原始人定居以後，對於「竭澤而漁」的後果逐漸引起了注意：周圍小型水體被弄乾，魚無生息之處了，昨天還是魚香滿口，今天連魚味也聞不到了。

古人終於明白取之不留餘地，只圖眼前利益，不作長遠打算的害處。周文王臨終時遺囑後人「不鶩澤」。意思是，再也不能「竭澤而漁」了。

後來的《呂氏春秋》正式總結了這個歷史經驗：

竭澤而漁，豈不獲得？而明年無魚；焚藪而田，豈不獲得？而明年無獸。

意思是說，使河流乾涸而捕魚，難道會沒有收穫嗎？但第二年就沒有魚了；燒燬樹林來打獵，難道會沒有收穫嗎？但第二年就沒有野獸了。

提倡適度開發、可持續發展，反對追求竭澤而漁式的短期利益，我們的祖先早已具備了這樣的生存智慧。

古代捕魚還有以棍棒擊魚的方法。在沒有木刀的情況下，也用棍棒打魚。

據山西《平陽府志》記載：

黃河急湍，漁人又無網罟之具，水漲時則持木棒伺河岸而擊之，百或得一矣。

後來，在滇川交界的瀘湖畔，每當早春三月，岸柳垂綠，桃花盛開之際，當地的普朱族和納西族仍利用魚群游到淺灘產卵的機會，用木刀砍魚，刀不虛發，每擊必中，使魚昏浮在水面。

箭射捕魚是秦漢以前捕撈較大魚類的主要方法之一。史記載，西元前二一〇年，徐福入海求仙藥時，帶有眾多弓箭手，見鮫魚則「連駑射之」。明代人們常用帶索槍射魚。

少數民族箭射捕魚也很常見。鄂倫春族、高山族常用弓箭或魚鏢射捕魚，當魚浮出水面，或舉弓射擊，或用魚鏢叉魚。

以獸骨或角磨製的魚鏢有多種形式，多具有倒鉤，有的一邊具倒鉤，有的兩邊具倒鉤。魚鏢尾柄凸節或凹槽，可以固定在鏢柄上，或拴以繩索，插於鏢柄前端的夾縫中，成為帶索魚鏢，魚被刺中後掙扎，魚鏢柄脫離，可以持鏢柄拉繩取魚。

養殖史話：古代畜牧與古代漁業

捕魚為業 古代漁業

　　最古老的釣魚方法不用魚鈎，這就是無鈎釣具。這一捕魚的方法甚至沿襲至近代。

　　過去，雲南有些苦聰人和芒人婦女釣魚時，一般仍用一根竿頭拴一根野麻繩的釣竿，釣魚時，先把竹竿斜插在河岸上，繩端拴一條蚯蚓，然後把繩頭置入水裡，待魚群見餌而來爭食蚯蚓，把竹竿拉得左右搖動之時，釣者猛拉魚竿，準確地把魚甩在竹簍裡。

　　有鈎釣具捕魚比較普遍。有一件六千多年前的骨魚鈎，倒鈎至今還甚鋒利。這是在西安半坡遺址出土的，可以與現在的釣鈎相媲美。在骨器釣鈎之前，有以樹的棘刺、鳥類的爪子釣魚。

　　古代的釣魚方法很多，有竿釣、下臥釣、甩竿和滾鈎釣等。不同的季節，釣魚的地點也有差別，故有「春釣邊，秋釣灘，夏季釣中間」的漁諺。

　　用網捕魚是一種古老的方法。漁網的發明很早，據有關史料記載，網是伏羲氏看見蜘蛛結網後受到啟發而製作的。《易經·繫辭下》載，伏羲氏「做結繩而為網罟」。

　　最初的網既用於捕鳥獸，又能捕魚。自從有文字以來，就有關於網的記載。在最初的象形文字中，就有用網捕魚的字形。在秦漢以前的古籍中，已經提到多種網具和網的結構，據載有的網具已有很長的網綱，有的相當於後來的大拉網。

　　古代曾經發明以假魚引誘真魚的方法。漢代王充的《論衡·亂龍篇》載：

釣者以木為魚……近水流而擊之起水動作，魚以為真，並來聚會。

這種以形象引誘的方法，比餌誘法經濟得多。

過去東南沿海地區捕撈墨魚的時候，漁民多在潮水到來之前，先划船入海，以長繩牽引數十個魚簍，每個魚簍裡盛一個牝墨魚，潮水淹沒後，牝墨魚發出鳴叫，墨魚聞聲而至，潮水退後，再收簍取魚。這種誘法是利用物異性相吸而發明的。

古代燈光誘魚也經常採用，一般在捕魚、捉蟹，都點燃火把為號，魚、蟹見光而至。這是利用魚、蟹的趨光性，用光引誘的方法捕魚。

魚筌捕魚也是古人使用的方法之一。魚筌是以竹編製的，呈圓錐形，尖端封死，開口處裝有一個倒須的漏斗。使用時，將其放置在水溝分岔處，魚可順水而入，但因倒須阻攔，而不能出來。

魚筌起源很早，在浙江杭州水田畈遺址就出土一件魚筌。說明幾千年前，長江下游的原始居民已經開始運用魚筌捕魚了。

西南地區有些少數民族捕捉鱔魚、泥鰍時，多砍取一些竹筒，一端由原來的竹隔膜封死，一端裝一個有倒鬚的漏斗，夜間放在田壟之間，魚能進不能出，天明取回竹筒。

宋代名詩人蘇東坡在《夜泛西湖》中寫道：

漁人收筒及未曉，船過唯有菰蒲聲。

詩中說的魚筒，就是一種類似魚筌的工具。

陷阱捕魚也被採用過。陷阱是以籬笆或土石築成的，各民族普遍使用。東北鄂倫春族的「擋亮子」就是這種方法。

鄂倫春人根據魚類「春上秋下」的游動規律，在小河岔口處築一個開口，然後安置一個較大的口小腹大籃筐，無論是魚順流而下，還是逆流而上，都能進入，有進無出，人們可以「甕中捉鱉」，一次能捕幾十斤甚至上百斤的魚。這類方法流傳的時間長，採用的人多。

把野生的鸕鶿加以馴化，用來捕魚，以中國為最早。據中國文獻記載，在《爾雅》及東漢楊孚撰寫的《異物誌》裡，均有鸕鶿能入水捕魚，而湖沼近旁之居民多養之，使之捕魚的記載。

據古書記載，馴養鸕鶿捕魚，大概起源於秦嶺以南河源地區，此地三國以後開始推廣鸕鶿捕魚。這要比日本於五世紀始用鸕鶿捕魚的記載要早得多。

唐代大詩人杜甫的詩句中有「家家養鳥鬼，頓頓食黃魚」的描述。這裡所說的「鳥鬼」是鸕鶿的別稱。此外，清代有文人以詩歌來描述鸕鶿的價值和捕魚技術。可見中國在馴養鸕鶿方面，不但時間早，而且規模也相當大。

綜上所述，人類的捕魚技術是由低級向高級發展的。魚生活在水中，捕撈難度大，所以捕捉的方式不管如何千變萬化，都是盡力斷絕其生存條件。

因此，捕魚方法既採取了若干狩獵方法，也有不少新的發明創造，積累了豐富的經驗，這是人類征服自然的記載。

據傳說，有一次，伏羲在蔡河捕魚時逮住一個白龜。他把白龜養了起來，沒事兒就看著白龜想天地間的難題。

有一天，伏羲突然發現白龜蓋上有花紋，他就折草在地上照著花紋畫。畫了九九八十一天，畫出了名堂。他用一條連續的畫線當作「陽」，兩條間斷的畫線當作「陰」。

然後，他根據天地萬物的變化，將陰陽來回搭配，或一陽二陰，或一陰二陽，或二陰一陽，或二陽一陰，或三陰無陽，或三陽無陰，畫來畫去，最後畫成了八卦圖。

▌不斷改進的魚鉤和魚竿

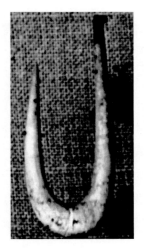

■新石器時代的骨魚鉤

養殖史話：古代畜牧與古代漁業
捕魚為業 古代漁業

　　魚鉤和魚竿是從事釣魚活動的專用工具。它是人類在長期的釣魚過程中逐漸發明的，並且隨著釣魚活動的發展而不斷地得以改進。因此，魚鉤和魚竿的製作突出地反映著古代釣魚技術的發展水平。

　　魚鉤是獲魚的直接工具，在竿、線、鉤、漂、墜、餌中，與餌一樣，發明得最早，改進得最多、最快。竿釣的發明，是因為魚有自衛能力，不肯近前，於是人們在釣魚實踐中發明了竿釣。

　　魚鉤在中國開始使用很早，從各地的考古挖掘來看，最早使用的是獸骨或禽骨劈磨而成的直鉤和微彎鉤，稱之為魚卡。其兩端呈尖狀，磨得鋒利，中間稍寬，並磨出繫繩的溝槽，或鑽有穿釣線的小孔。

　　魚卡是八千多年前新石器時期的產物，全國各地均有發現，僅遼寧大連長海縣的廣鹿島和大長山島的遺址中，一次就發現三十六枚；黑龍江新開流新石器時期遺址中也出土了七枚。江蘇連雲港出土了用蚌殼磨製的直鉤數十枚。

　　到了新石器晚期，即五千年前的仰韶文化時期，出現了彎鉤，有倒刺和無倒刺兩種骨製。有獸骨截斷單獨磨成的，有用禽骨磨成的，禽骨堅韌鋒利。但磨成彎鉤很困難，於是揀細而堅利的磨成帶倒刺的鉤尖部分，然後綁在另一節作為鉤柄的骨頭上，成為綁製彎鉤。這些彎鉤原是用麻絲或曬乾的腸衣綁製而成魚鉤的。

　　由此可見，我們的祖先早已會用手綁製打結，製造出了細膩的勞動工具，其智商已遠遠超出所有靈長目動物。

從直鉤到彎鉤是釣魚工具的一大進步，直鉤只造成「卡」的作用，鉤橫卡在魚嘴裡，如果直接提上岸，多數會脫鉤。

有時卡的不是地方，或卡的角度不對，魚嘴一活動，頭一扭擺，鉤會從魚嘴裡脫出，魚逃之夭夭。而彎鉤就可避免這些缺點，只要鉤尖鋒利，線、竿牢固，釣者又有一定的擒魚、遛魚、抓魚本領，一般的魚是難以逃脫的。

直鉤到彎鉤是一大進步，從無倒刺彎鉤到有倒刺彎鉤又是一大進步，由於當時釣具粗放，在沒有發明魚竿之前，是用手拽棉、麻搓製的捕魚線，或動物腸子曬乾加工製成的魚繩，魚鉤的角度、鉤彎的角度、柄的長短，還是不夠科學實用。因此，彎鉤無倒刺的骨製鉤還是易跑魚。

在考古挖掘中，發現離現代年代越近的新石器時期，氏族社會晚期，所製作的魚鉤越精細而科學，有倒刺的魚鉤也越來越多。

鉤的形狀也逐步有講究，不僅有短柄，也有長柄，龍門的寬窄也有區別。鉤尖的彎度，鉤的形狀也不同，以適應釣取不同的魚類和運用於不同的水域。

倒刺鉤大大降低了脫鉤率，對於當時只求將魚釣上來食用說，是生產上的一大進步。這也為後世製作各種型號的魚鉤奠定了基礎。

在有些墓葬中，還發現一些石鉤和玉鉤。雖然歷經幾千年，仍舊可看出其精心磨製的痕跡。這些鉤都較魚鉤大而重，鉤尖也鈍。原來這些鉤是沒有使用的痕跡。

養殖史話：古代畜牧與古代漁業

捕魚為業 古代漁業

有些人的墓葬中以金屬殉葬為主，也夾雜些這種石鉤和玉鉤，也是從未使用過的。有的酷愛釣魚，逐步使釣魚從純生產型上升到娛樂型，釣魚取樂。

製造這種石鉤、玉鉤就是為了欣賞，表示自己的愛好和身分。有些銅製鉤和鐵製鉤也做得十分精巧，也從未釣過魚，其作用也是欣賞娛樂。

骨魚鉤的出現，是釣魚歷史上的偉大創舉，而金屬魚鉤的問世，表明中國古代釣魚活動已經由手工磨製進入由金屬冶煉的新時代，這不僅是釣魚事業的一大進步，更說明這個活動已大步跨入文明時代。而最典型的就是，青銅的使用在釣魚活動中體現出來。

是誰最早製作銅鉤已無史可考，但河南偃師二里頭出土的銅魚鉤據鑒定已有三千五百年。

戰國時期出土的青銅魚鉤品種多，鉤柄彎弧流暢，倒刺製作的角度適中，長短合意，其中有不少鉤足可以和後來機械製作的魚鉤媲美。

安徽貴池出土的戰國青銅鉤，有長柄、有短柄、有粗絲、有細絲，其形狀和後來的龜形鉤、丸形鉤相仿。

香港發現的戰國青銅鉤做工精細，前鉤彎為銳角，後鉤彎為鈍角，和後來的鶴嘴形鉤、方頭鉤相彷彿。

江蘇句容出土的春秋時期青銅魚鉤造型優美，鉤身平滑，和今天的袖形鉤不相上下。

無獨有偶，湖北江陵南桓水門戰國遺址中也出土了一枚鐵魚鉤。這枚鉤為圓頭長柄，也是鍛打製作的，鉤絲較之撫順的戰國魚鉤細而光滑。

　　從這些遺址實物出現以後的兩千多年，直到後來，魚鉤都是鐵製，再也沒有改變過，只是鐵合金所含成分略有變化、鉤形有變化發展而已。

　　古代的魚竿產生於何時、何地，已無跡可考。新石器時期，我們的祖先發明魚鉤後，僅用藤蔓、棕櫚、腸衣等作線釣魚。

　　竿的材料不外乎樹枝、蘆葦、竹、荊條之類，總之可以延長手臂使鉤拋遠施釣的長而輕的植物，似乎都用過了。竹竿又輕又堅韌，古代似乎每地均有所用，而且一直流傳幾千年。

　　魚竿正式在史籍上出現，是兩千五百年前的《詩經》。其《衛風·竹竿》詩中有一句的意思是說：我用又細又長的竹竿啊，在淇水邊釣魚。這是魚竿的最早記載。

　　漢代卓文君在《白頭吟》一詩中說：「竹竿何裊裊，魚尾何徒徒」；唐代詩人白居易在《渭上偶釣》一詩中說：

　　渭水如鏡色，中有鯉與魴。偶持一竿竹，懸釣在其旁。

　　另外，從繪畫上看，五代時的《雪漁圖》、宋代的《寒江獨釣圖》、明代的《秋江漁隱圖》、版畫《子陵釣圖》、清代的《江山垂釣圖》，以及清代的彩色年畫《漁歸》和版畫《蜀江得鯉》等，都描繪有獨根細竹竿做的釣竿。

養殖史話：古代畜牧與古代漁業

捕魚為業 古代漁業

用其他植物枝幹做釣竿的也不少。《列子·湯問》篇說，有個人以繭絲為綸，芒針為鉤，荊條為鉤，糧食為餌，到大河邊去釣魚。

這裡說的荊條，是無刺的灌木，種類很多，多叢生原野，光滑柔軟，堅韌不易斷，可以作釣竿，也可做抽打人的鞭子。古有「負荊請罪」之說，也有用荊條來做筐的，用途很廣。

用多種隨手可得的植物枝幹作釣竿，是為了釣到魚而發明的臨時工具。待到釣魚上升到娛樂階段，釣魚為了享樂，不免要在竿子上做些文章，使其既美觀又適用。比如在竹釣竿繪上或刻上美麗的花紋圖飾，使竿具有觀賞價值。

南朝梁學者劉孝綽《釣魚篇》中有「銀鉤翡翠竿」之句。鉤用銀子製作，釣竿上嵌以翡翠寶石，多麼漂亮。難怪後來用的釣竿都漆得紅綠相間，十分好看，這也是傳統留傳下來的習慣。

我們的祖先在連續不斷的釣魚實踐中，還發明了拋竿。拋竿的特點是長線短竿釣，運用繞盤的機械原理，將鉤拋遠以釣取大魚，以繞盤可以收放線的特點卸去大魚的巨大衝擊力，有效地防止線斷竿斷，而將大魚穩穩地擒獲。這是中國釣魚史上值得大書特書的一大飛躍。

因拋竿是將木或竹製盤圓輪裝在手柄處纏線收放，因此古代稱之為「輪竿」；又因它的原理是將戰車的曲軸運用到釣竿上，故又名「奔車」。

拋竿的文字記載的始於唐代，有兩種：

一種是輕巧小輪，有四齒的，也有六齒的，輕小，繞線少。有的能轉動，有的不能轉動，按在竿的中部前方，其槽內放線少，一般十五米左右。這種輪竿多用於坐在船頭或深水礁頭釣魚，還是手竿釣，不可拋鉤擲遠，所以還稱不上是拋竿。

　　還有一種是竿上有過線環、竿柄上方有絞盤的輪竿，古稱釣車。其原理及運用與今天的拋竿，或稱之為海竿、甩竿已一模一樣。

　　唐代陸龜蒙在一首寫用輪竿釣魚的詩中說：「溪上持雙輪，溪邊指茅屋。」意思是說，在溪邊持輪竿欲拋時，指著溪邊的茅屋為目標，使鉤餌落點準確地落在一個釣點。連續拋在一個釣點，省餌料，又聚魚，釣魚效果好。

　　這和後來在湖泊水庫拋竿釣時要找準水面旁邊或對面一幢房屋或電線杆為目標一樣，可見當時的拋竿釣技已很嫻熟。

　　到了清代，已有關於延繩釣的詳細記載，《古今圖書集成》更有大量涉及釣魚內容的敘述。

　　延繩釣是指釣具透過竿線上間隔相同的支線連結釣鉤，具有竿線長而支線多和釣捕範圍廣的特點。為便於操作，釣線平時整齊盤放在籃、夾等容器或夾具裡。每籃竿線長數十米至數百米不等，有的可達千米以上，用以懸垂支線數十根至數百根。作業時，竿線少則數籃，多則數百籃連接使用，並透過浮、沉子等裝置，使竿線沿水平方向延伸，保持在一定的水層。竿線上通常還有適當數量的浮標，便於識別和管理。作業方式有定置式和漂流式兩種，前者用錨、沉石或插

竿等固定，可在流急和狹窄的漁場使用；後者隨流漂移，適宜於在寬闊的緩流水域作業。為了釣捕不同水層的魚類，延繩釣還有浮延繩和底延繩的區別。

延繩釣在釣漁具的捕撈生產中，所占的比例最大，但用於淡水作業時規模較小，且多屬定置式；海洋中作業的延繩釣有大、中、小型之分。延繩釣有手工操作和機械操作兩種形式。簡單的機械操作只備立式或臥式起釣機一臺，比較完善的則已實現放釣、起釣機械化，有的還安裝了能收容全部竿線的卷線機。

這些都表明，中國的釣魚歷史源遠流長，經驗十分豐富。

閱讀連結

姜尚是西周的政治家、軍事家和謀略家，他在成名之前，曾在渭水釣魚。當時他用直鉤釣魚，還離水面三尺高，魚鉤上也沒掛香餌。用他自己的說話：釣魚是待機進取，是要釣王與侯，寧在直中取，不可曲中求！

有一天，西伯姬昌來到渭河邊踏青打獵。聽說大賢姜尚就在這裡，便決意請他輔佐。姜尚開始未予理睬，但姬昌求賢心切，三日後親率百官一同再訪姜尚，姜尚終於被感動。

自遇到姬昌，姜尚從此放下釣竿，輔佐姬昌滅商建周，成為一代名臣。

編寫了豐富的漁業文獻

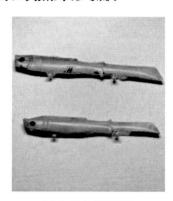

■古代魚形玉器

中國古代的一些思想家和政治家對漁業經濟問題有過許多論述，編輯著作了豐富的漁業文獻。反映了當時的漁業狀況，指導了當時及後世的漁業生產，在中國古代漁業史上占有重要地位。

在古代漁業文獻中，比較著名的有《陶朱公養魚經》、《閩中海錯疏》、《種魚經》、《漁書》、《官井洋討魚祕訣》、《然犀志》、《記海錯》、《海錯百一錄》。這些文獻，都是研究中國漁業發展史的重要參考資料，極大地促進了中國漁業的大發展中國古代有著豐富的漁業文獻。早在《詩經》、《爾雅》等古籍中，就有有關漁具、漁法和水產經濟動植物的記載。

漢代以來，隨著養魚業和捕魚業的進一步發展，這方面文獻日益增多，多散見於筆記、農書和方志之中。在水產品利用方面，也從食用發展到藥用，這在歷代著作中均有所反

映。至明清兩代，漁業文獻趨向系統性，產生了很多專門著作。

主要有《陶朱公養魚經》、《閩中海錯疏》、《種魚經》、《漁書》、《官井洋討魚祕訣》、《然犀志》、《記海錯》、《海錯百一錄》等。

《陶朱公養魚經》原書已秩，後是從賈思勰《齊民要術》中輯出的。學術界一般認為該書是春秋末年，越國大夫范蠡所著。范蠡晚年居陶，稱「朱公」，後人遂稱之為「陶朱公」，故本書又名《陶朱公養魚經》、《陶朱公養魚法》、《陶朱公養魚方》等。

《陶朱公養魚經》現存四百餘字，總結了中國早期的養鯉經驗，以問對形式記載了魚池構造、親魚規格、雌雄魚搭配比例、適宜放養的時間，以及密養、輪捕、留種增殖等養鯉方法，與後世方法多相類似，是中國養魚史上值得重視的珍貴文獻。

《陶朱公養魚經》記述了鱘魚、鱸魚、鰳魚、鯧魚等十九種魚類。還指出了河豚的毒性、鑑別和解毒之法，認為河豚：

有大毒能殺人……中其毒者，水調槐花末或龍腦水，或至寶丹，或橄欖子，皆可解也。

可見，當時人們不但已瞭解河豚的毒性，而且在鑑別與解毒方面，都積累了豐富的知識。

《閩中海錯疏》是明代屠本畯寫的記述中國福建沿海各種水產動物形態、生活環境、生活習性和分佈的著作。這書是他任福建鹽運司同知時寫的，成於西元一五九六年。

　　該書是現存最早的水產生物區學志。在海產動物、貝類動物、淡水養殖業、魚類、醫藥學、農學、動物學方面，均取得了突出成就。

　　在海產動物方面，《閩中海錯疏》有許多新發現。鰛是一種名貴的金色小沙丁魚，明以前不見於記載，此書卻對它作了描述。

　　福建地處浙粵之間，有些海產動物是相似的，所以屠本畯對福建海產動物的描述，多用浙東沿海所產的加以比較，因此，《閩中海錯疏》可視為中國早期的海產動物誌或海產動物專著。

　　屠本畯透過對海產動物的研究，獲得了許多海洋動物形態生態知識。例如，他形象地描述方頭魚頭略呈方形；虎鯊頭目凹而身有虎紋的形態特點；對真鯛、橄欖蚶、結蚶等海產動物形態的描述也很具體。根據所描述的特點可以鑒定到種。與福建地區現生種類基本相符。

　　在貝類動物方面，屠本畯明確提出了自己的見解。比如泥螺在七至九月間產卵，秋後改採是產過卵的個體，所以肉硬且味不及春。當年孵出的螺個體小，肉眼不易看見，第二年春季長到穀粒大小，至五六月開始繁殖。

　　從屠本畯對泥螺自然繁殖的描述來看，反映出他對泥螺的生態習性已有消晰的認識。他還觀察到棱鯔在深冬時卵巢

養殖史話：古代畜牧與古代漁業

捕魚為業 古代漁業

和精巢充滿腹腔，以及性腺成熟和產卵。到春天魚排精產卵後，即體瘦而無味。這種對魚生殖期的認識，在養細業上有參考價值。

書中對某些海產動物的內部器官也有敘述。如指出鱘魚腹內有黃褐色質，也就是肝臟，有卵黃。以上都說明在十六世紀時，中國人對海洋動物的觀察和認識已達到較高的水平。

在淡水養殖業方面，明代淡水養殖業已相當發達，在《閩中海錯疏》中也包含一些有關的資料。如記載肉食性的烏魚時指出，在池塘放養魚之前必須清除池塘中的烏魚。

書中還介紹了福建地區飼養草魚和鰱魚的方法：農曆二月從魚苗養起，先到小池，到一尺左右再移到大池，用青草餵養，九月起水。

隨著魚的成長而更換魚池，當年可從魚苗養成商品魚。草、鰱混養時，鱧魚必須清除的經驗，在今天仍有其現實意義，也反映了明代池塘養魚的進步。

《閩中海錯疏》將性狀相近的魚類放在一起，例如，把真鯛、黃鯛、方頭魚、黑鯛、魴、澤蛙、黑眶蟾蜍、中國雨蛙、棘胸蛙、黑斑蛙等連續排列等。以上分別相當於現代動物分類上的魚類、兩棲類。

《閩中海錯疏》又把大類中性狀更接近的水生動物排列在一起。例如，在魚類中，把尖頭銀魚、白肌銀魚、短尾新銀魚排列在一起，現在知道它們屬於銀魚科；在兩棲類中，把石鱗、青鮒、沼蛙、水雞等排列在一起，現在知道它們都屬於蛙科。

《閩中海錯疏》把海產動物分成不同的大類，在大類中再分小類，這種排列方法在一定程度上揭示了動物的自然類群，反映了它們之間的親緣關係。由此可見這位十六世紀的中國生物學家，已向自然分類方向邁出了一步。

　　這些不同的大類和小類，相當於現代生物學中的科屬各階元，其中包合著科和屬甚至種的概念。而同時代的歐洲博物學家，對動物名的記述是按拉丁字母順序排列，或按藥用的性質和用途來分類的。還看不到自然分類的端倪。顯然，《閩中海錯疏》中採用的動物分類法，在當時是比較先進的。

　　在醫藥學、農學方面，在明以前，中國的動物學知識主要散見於醫藥學、農學著作中，還沒有形成一門獨立的、系統的科學。

　　在這樣的歷史條件下，屠本畯能寫出一部含有自然分類概念的海產動物誌或海產專著，在中國和世界上都是最早的，它在生物學史上具有重大意義。

　　在動物學方面，屠本畯為訂正前人的錯誤而作的。例如，《閩中海錯疏》中指出鯉魚和黃魚是兩種不同的魚類，將它們視為一種魚類是錯誤的。又說青瘠魚不是青鯽魚。這些糾謬正誤的工作，為研究中國海洋動物和開發海洋資源，提供了可貴的科學史料。

　　此外，《閩中海錯疏》還記有軟體動物的貝類，節肢動物的蝦類，以及少數龜、鱉等，還有福建常見的外省海產燕窩、海粉等。應該指出的是，書中有些記載是前人不曾提到

的。如「海膽」一名，過去曾被認為來自日本，其實日本是引自此書。

《種魚經》又名《養魚經》、《魚經》，作者是明代南京吳縣人黃省曾。書成於西元一六一八年之前，是現存最早的淡水養魚專著。

將此書收入的，有《居家必備》、《明世學山》、《百陵學山》、《夷門廣版》、《小史集雅》、《文房奇書》、《廣百川學海》、《叢書集成》等。

《種魚經》分為三篇，第一篇述魚種，第二篇述養魚方法，第三篇內容較少，主要記載海洋魚類的性質及異名。重點內容在第一篇和第二篇。

在第一篇魚種部分，記載了天然魚苗的捕撈及養殖方法，青魚、草魚魚秧的食性，鰱魚魚種養殖中要注意的事項。其中所見明代松江府海邊的鯔魚養殖，是中國鯔魚養殖的最早記載。

在第二篇魚方法部分，對於魚池建造，主張二池並養。其好處有可以蓄水，可以去大存小，免除魚類受病泛塘等。池水不宜太深，深則缺氧，水溫低不利魚類生長；但池塘正北要挖深，以利魚受光避寒。

池塘環境要適應魚類生長的需要，指出池中建人造洲島，有利魚類洄游，促進魚類的成長。環池周圍種植芭蕉、樹木、芙蓉等植物，也有好處。

對於魚病防除，科學地指出魚類聚集的不可過多，否則魚會發病；池中流入鹹水石灰也會使魚得病泛塘。強調餌料

投餌要定時、定點，要根據魚類生長階段及食性投餌。還指出不可撈水草餵魚，以防夾帶魚敵入池。

《漁書》是一本記述水產動植物和漁具漁法的書，北京圖書館藏有明代殘刻本第二捲至第十三卷。

第二捲至第十卷列記水產動植物，每卷一類，分別標神品、巨品、珍品、雜品、甲品、柔品、畜品、蔬品、海獸，內容雜引自古代文獻。

第十一卷是講漁具、鐮類、雜具、漁舟漁筏等子目，從中可看出明代海洋捕魚技術水平。第十二卷標附記載，卷十三標附記異。

《官井洋討魚祕訣》是一本記述福建官井洋捕大黃魚經驗的書，發現於福建寧德縣。官井洋為海名。可能是老漁民口述經驗，他人記錄而成。

書中專講官井洋內的暗礁位置以及魚群早晚隨著潮汐進退的動向。正文第一部分，講述官井洋十八個暗礁的位置、外形、體積和周圍環境等。

第二部分講述官井洋裡找魚群的方法，分別敘述在早、汐、中潮時分魚群動向。最後一部分講述捕魚中應注意事項。內容極為詳細，是一本很有實用價值的魚書。

《然犀志》由清代李調元所著。他曾任廣東學政，此書即是他任此職期間寫的，成書於西元一七七九年。記述了廣東沿海淡水魚類、貝類、蝦、蟹、海獸、龜、鱉等，共九十餘種。《叢書集成》收有該書。

養殖史話：古代畜牧與古代漁業
捕魚為業 古代漁業

　　《記海錯》記述的是山東沿海水產動植物。作者是清代郝懿行，他考察山東沿海魚類資源之後，寫成於西元一八〇七年，刊行於西元一八七九年。

　　由於作者是訓詁學家，所以書中引用了許多古籍進行考證：本書收入作者的《郝氏遺書》中，另外在《農學叢書》中也可找到。

　　「海錯」一詞原指眾多的海產品。該書記述了山東半島常見經濟魚類、無脊椎動物以及海藻等四十九種，一一註明其體形特徵，並考辨其異名別稱。這部《記海錯》是古代山東唯一一部專門辨識海洋生物的專著，具有很高的科學價值。

　　《海錯百一錄》作者是清代郭柏蒼，是一本比較全面的福建水產生物區系志。寫成於一八八六年，現存有成書當年的刻本。書分為五卷，卷一記漁，卷二記魚；卷三記介、記殼石；卷四記蟲、記鹽、記海菜；卷五附記海鳥、海獸、海草。

　　記漁記述漁具漁法；記魚主要記述福建沿海經濟魚類，也包括某些淡水種類；記介、記殼石主要記述蟹類，也包括琅瑞、盆等；記蟲、記鹽、記海菜主要記述福建海產貝類；記海鳥、海獸、海草主要記述海淡水蝦類，也包括海參、沙蠶等無脊椎動物，還記述各種海藻。

　　本書中所錄大抵皆是言之有據，能經得起考證的。當然，有些解釋也有其時代的侷限性。書中所述奇聞頗多，亦頗有趣。如對「占風草」的記載，說此草可預報臺風，在天氣象預報的古代，亦不失為一則具有科學價值的資料。

■近代漁簍

除了上述漁業專著外，宋代傅脆著有《蟹譜》，上篇輯錄蟹的故事，下篇系自記，明代楊慎著有《異圖贊》，收錄魚的資料。兩書亦有一定的參考價值。

閱讀連結

蠡湖，原名五里湖，是太湖之內湖。蠡湖湖水澄碧如鏡，一派明媚秀麗的江南水鄉典型風光。蠡湖之名，是無錫人根據范蠡和西施的傳說而改名。

在兩千四百多年前的春秋戰國時期，越國大夫范蠡，助越滅吳後，功成身退，偕西施曾在此逗留。無錫人便借這個傳說，把五里湖改稱為蠡湖。

相傳范蠡曾在蠡湖泛舟養魚，他總結中國早期的養鯉經驗，並結合自己的實踐，在蠡湖畔漁莊撰寫了中國漁業史上第一部人工養魚的專著《養魚經》。

國家圖書館出版品預行編目（CIP）資料

養殖史話：古代畜牧與古代漁業 / 張學文 編著 . -- 第一版 .
-- 臺北市：崧燁文化，2020.04
　　面；　　公分
POD 版

ISBN 978-986-516-129-3（平裝）

1. 畜牧業 2. 漁業 3. 中國

483.1　　　　　　　　　　　　　108018539

書　　名：養殖史話：古代畜牧與古代漁業
作　　者：張學文 編著
發 行 人：黃振庭
出 版 者：崧燁文化事業有限公司
發 行 者：崧燁文化事業有限公司
E - m a i l：sonbookservice@gmail.com
粉 絲 頁：　　　　　網 址：
地　　址：台北市中正區重慶南路一段六十一號八樓 815 室
8F.-815, No.61, Sec. 1, Chongqing S. Rd., Zhongzheng
Dist., Taipei City 100, Taiwan (R.O.C.)
電　　話：(02)2370-3310 傳　真：(02) 2388-1990
總 經 銷：紅螞蟻圖書有限公司
地　　址：台北市內湖區舊宗路二段 121 巷 19 號
電　　話:02-2795-3656 傳真:02-2795-4100　　網址：
印　　刷：京峯彩色印刷有限公司（京峰數位）

定　　價：250 元
發行日期：2020 年 04 月第一版
◎ 本書以 POD 印製發行